遇见茶香

骆韵霏·著

中国轻工业出版社

图书在版编目（CIP）数据

遇见茶香 / 骆韵霏著. -- 北京：中国轻工业出版社，2025.4. -- ISBN 978-7-5184-5352-8

Ⅰ．TS971.21

中国国家版本馆CIP数据核字第20241UM377号

责任编辑：郭挚英
策划编辑：刘忠波　郭挚英　　责任终审：劳国强　　整体设计：王承权
排版制作：知壹文化　　　　　　责任校对：朱燕春　　责任监印：张京华

出版发行：中国轻工业出版社（北京鲁谷东街5号，邮编：100040）
印　　刷：天津裕同印刷有限公司
经　　销：各地新华书店
版　　次：2025年4月第1版第1次印刷
开　　本：787×1092　1/16　印张：17.75
字　　数：205千字
书　　号：ISBN 978-7-5184-5352-8　　定价：88.00元
邮购电话：010-85119873
发行电话：010-85119832　　010-85119912
网　　址：http://www.chlip.com.cn
Email：club@chlip.com.cn
版权所有　侵权必究
如发现图书残缺请与我社邮购联系调换
241780W2X101ZBW

遇见茶页

序

因为一杯茶，一炉香，结下深厚的缘分。出于对茶与香的热爱，我用了几年时间写下了茶香的故事，便有了《遇见茶香》。

在一次交流中，有位茶友说道："你做茶相关的培训工作这么多年，应该有个师父依止，才能够在茶道的路上有所提高和升华。"于是他引荐了陈香白老先生，当时我一听很是惊喜，陈老后来成了我的师父。

其实我和师父早在10年前就结下了茶缘。那是在2014年，我和深圳的茶友一同前往潮州探访茶山，去拜访了师父，当时印象深刻的是师父博览群书，有深厚的茶文化底蕴。师父是潮州工夫茶的泰斗，对潮州工夫茶的贡献巨大，并为"潮州工夫茶"纳入国家级非物质文化遗产起了非常大的作用。师父一直与我分享，潮州工夫茶的核心是"和"，家和万事兴，茶和天下。他还首创中国茶道太极图等，这些都值得我们晚辈不断学习和专研。师父爱好学习，精通的知识非常广泛，每次拜访他我都能收获满满。因为这次茶友引荐的缘分，2023年我前往潮州进行了拜师仪式，我跪下给师父奉茶的那一刻，不知道为什么，眼泪莫名地流了下来，我想这是对茶的真情流露吧！

《遇见茶香》是我对茶香的情感之作，也是我在茶香之路上的一个阶段性总结。师父特意题字，鼓励我继续在茶之路上不断前行。希望这本书将茶香文化传播开来，希望茶和天下，香飘九州。

骆韵霏
2024年10月22日 深圳

推荐序一
韵霏有三宝：茶艺、行香与舞蹈

韵霏很自信地说，茶艺领域，她比许多成名已久的前辈要做得更好。如果你亲眼看到韵霏的茶艺展演，尤其是看了她自创的茶香舞后，就会发现，她所言不虚。

多年前，我就是在欣赏了韵霏的茶艺展演后，彻底改变了一些偏见。韵霏呈现的茶艺，可以用惊才绝艳来形容。

在茶道艺术里，茶艺展演是非常重要的部分，许多人因为茶艺展演爱上了茶。近些年来，围炉煮茶与宋式点茶成为新风尚，人们也发现了饮茶场景的重要性，这正是茶艺展演长久发展的功劳。在解渴与品茗之间，划出了新的地盘——审美。

这倒不是新鲜事，韵霏在书里也提到，茶事并不是孤立的活动，品茶、焚香、插花、挂画是古人的四大雅事。事实上，中国人的茶事除了香、花、画之外，还会涉及诗词经文、服装、器皿、宗教文化以及空间环境设计等多种艺术形式。这在中国传世名画《西园雅集图》中有具体的表现。

对茶人而言，每一杯茶，都是他们心中的一片山水，一缕清风，一滴禅意，一句诗意。

读《遇见茶香》，我看到了一个茶人的成长历程，从幼师到茶人，从对茶的一无所知，到深深地爱上了茶，这个过程真令人感动。

韵霏能懂茶的语言，能理解茶的性情。她谈茶，更是在传播一种生活方式，一种精神寄托，一种文化传承。

  这本书还介绍了各种茶叶的特点和产地，分享了泡茶器具的选择和搭配、品茗的技巧等，带领人们深入地了解茶的文化和历史，感受品茗的乐趣和魅力。

  这本书的价值不仅在于作者所讲述的茶与香故事，更在于它所传递的文化。在当下这个快节奏的社会中，人们往往忽视了生活的本质和意义。这本书指引我们如何过好这一生。生活不仅是为了生存，更是为了寻找自身价值。只有真正理解和体验生活的美好，才能感受到生命的意义。

  在我写下这些文字的时候，刚好是在立春的下午。韵霏在书中写到，立春建议行梅花香。那天下午，我与朋友去了昆明的黑龙潭，在梅花树下好好喝了一壶茶。1939年梅花盛开的时候，查阜西、张充和等人在黑龙潭弹琴唱戏饮茶，好不快乐。

周重林
2024 年 2 月 13 日　昆明

推荐序二
气味相投，终会"香"遇

  我最近一直在思考一个问题，文化的价值是什么？想了大半年，有了一个粗浅的答案。文化的价值就是实现自我！一个人的生命要有三个支点才算完整，这三个支点是社会价值的实现、情感价值的实现和自我价值的实现。社会价值的实现，就是你为这个世界创造的价值，以及这个世界反馈给你的，比如金钱、权利、认同等。情感价值包括亲情、爱情、友情等。

  自我价值是什么呢？我想是情怀吧！以喜欢之事格物致知，以认同的文化在内心筑起一间心灵的静室。这间静室，不关乎外界，不关乎别人，只在于自己。在外面倦了、浮躁了、受伤了、迷茫了，都可以回到这间静室修养、沉淀、升华自己。有知识，不等同于有文化。有文化和没文化的差别，只在于内心是否筑有一间心灵的静室。

  35岁以前，我只看到社会价值和情感价值。直到36岁时遇见了香，才开始发现自我价值。一开始是我在"做"香，后来是香在"做"我。韵霏和我不同，我遇见她的时候，她二十出头，她在内心已筑有了自己的静室。在她的静室中，有茶，有舞，有传统文化中的内修，后来有了香。韵霏身上有一种本真的力量，会让你不觉间，只想在她面前呈现最好的自己。

  2014年8月第一次见到韵霏，那时的韵霏已是深圳小有名气的茶学老师。当时韵霏和她的两个小姐妹一起来昆明参加我们的香学课程。在6天的课程中，韵霏只和她的两个小姐妹说话，我们之间也没太多交流。第二次相见是在 2015 年夏天，我到深圳，韵霏开着新买的还没落牌的车很高兴地来接我。第三次相见是 2015 年初秋，韵霏来昆明学习香学。这次因为熟悉了，我们彼此也就聊开了。其间，我对韵霏表述："中国传统香文化几千年的发展一直有三条不变的主线，它们分别是：（1）宗教、祭祀、礼仪，内修用香；（2）文人、士大夫，生活美学用香；（3）中医养生，香疗用香。研习中国传统香文化，可以有三得：香中得美，香中得养，香中得道。我的理想是，以香为道，传承复兴中国传统文化，结合当下生活，开创一种优雅、康健、自在的生活方式。"韵霏听了我的表述，表示非常认同，也愿意和我一起去开创这样的生活方式。2015 年初秋，我的第一本书《香学六论》出版前一个月，韵霏给了我很多帮助，特别是在"香艺与香席"这章的撰写和整理上。她在茶学和传统美学上很有见地，在传统文化中，茶和香的美学基础是相通的。

韵霏在 2016 年就计划融合茶文化和香文化写一本书，这八年多，她一直在完善和深化这本书。我们就这本书也有过很多交流。焚香、品茗、插花和挂画，中国古代文人这四般闲事其实非闲，是借闲事在内心筑有自己的一间静室而已。在这间静室中，可以得闲，可以静心，可以明性。焚香和品茗，在四般闲事中是最亲近的。茶文化和香文化有很多共性，有美学，有养生，也有内修见性。

莫非

2024 年 2 月 14 日　昆明

目录

第一章 命中注定，初相遇

01 偶然的相遇　20
02 从幼师到茶香使者　26
03 一念起众相生　30
04 茶修香语　32
05 余生只为茶和香　37
06 诗意的生命　40

我是谁？
我从哪里来？
要到哪里去？
这或许是我们每个人
最初都会思考的问题。

第二章 看山是山，看水是水

01 寻茶之路：理想精神　47
02 道艺相生　55
03 形式为内容而存在　59
04 回归本质，做自己　61
05 不争不斗，可得神仙　66
06 茶香舞，奇妙的开始　70
07 随机应变　73
08 寻求本真　76

"看山是山，看水是水。"
每个人的生命都会经历这样一个阶段。
在这个阶段里，我们看到的事物，
都是外在世界呈现给我们的样子。
此时的我们，就如同一个孩子，
用最本能的视觉、触觉、嗅觉、感觉，
去理解着世界。

第三章 看山不是山，看水不是水

01 执着的精神　82
02 专业情操　86
03 茶非茶，香非香　90

行过万水千山，我们见过的山，
看过的水，
将在某一刻不再是最初的模样。
因为此时的我们，有了自己的
看法。
人生在这一个阶段，
将是一个学习与思考并行的阶段，
在学习中思考，在思考中学习。

第四章 看山还是山，看水还是水

01 生命中的陪伴　96
02 茶香是挚友　99
03 茶香无言　102

生命是一场修行，
最后，我们会放下分别心，放
下执念。
看到的山，还是山，看到的水，
还是水。
回归到生命朴素的状态，
不被事物所累。

第五章
道术可求

01 术是一切的基石　106
02 一通皆能百通　109
03 道法皆自然　112
04 服饰和人的关系　115
05 环境，器物，人　119

有术无道，止于术；
有道无术，术尚可求也。

第六章 漫谈中国传统茶文化

一杯茶,一段情。
在茶的世界里,
我们不仅品味到了香醇的味道,
还感受到了悠久的历史和传统文化。
中国是茶的故乡,因为有了茶,
中国人的精神世界里多了一份滋润;
因为有了茶,中国文化多了一份清雅。

01 研习中国传统茶文化　124
02 茶艺研习　128
03 六大茶类　131
04 茶之用　144
05 茶疗研习　147
06 茶之修　150
07 认识茶器具　154
08 茶艺与茶席美学研习　161
09 沏茶的艺术　163

第七章 香事漫谈

中国香文化的历史伴随着中华文明的历史一起发展。

漫长的香文化历史，浩如烟海，璀璨如星河。

回望整个香文化历史，有焚香祭祀天地，有把香草比作美人，也有品香明心见性。面对如此庞大且厚重的香文化，我时常感到无能为力，却又如此庆幸。无能为力的是或许我这一生都无法窥探一二。

庆幸的是，我可以用一生去学习。

01 气味相投，终会"香"遇	172
02 中国香文化	176
03 香艺技艺与香席设计	181
04 香事雅集	186
05 认识不同香材	189
06 合香，香气的艺术	194
07 香之养	199
08 香之修	202
09 篆香、隔火熏香	205

第八章 道可道,非常道

人有道,茶亦有道。
人之道为何?茶之道又为何?
不可说,或者是文字难以表述。
唯有和茶相知相伴,
在生活中践行,
在生命中冥合。

01 只可意会,不可言传　　214
02 不可说的智慧　　　　　217
03 品茶有道,茶如人生　　219
04 寄与爱茶人　　　　　　221

第九章 茶香二十四节气

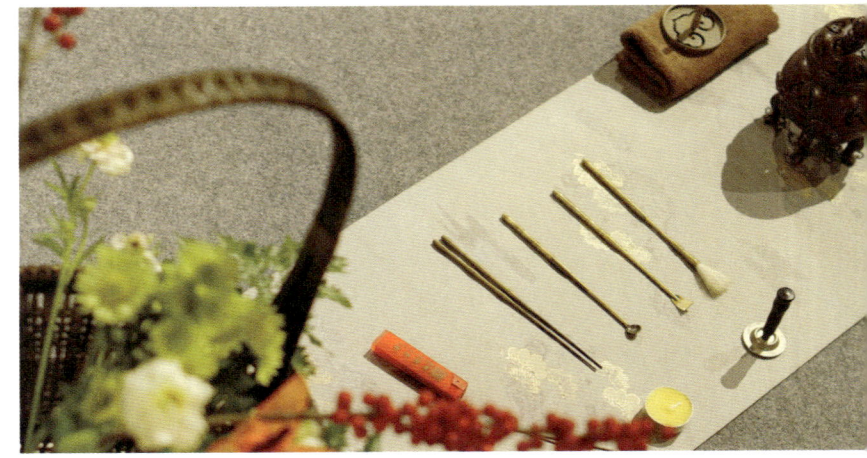

二十四节气,是如此的美。
每个节气都如同一幅与众不同的画,
或百花齐放、或耕牛在野、或鱼儿翻腾、
或林鸟雀跃、或蝉鸣阵阵、
或红叶漫天、或雨雪霏霏。
中国人对二十四节气有着刻在骨子里的敬重,
在千百年的时间长河中,二十四节气早已融入每个中国人的生活
与生命之中。

01 立春：生命的序曲	226
02 雨水：润物细无声	229
03 惊蛰：风作勒花开	231
04 春分：借得春光，不负时光	233
05 清明：一缕茶香，天清气明	235
06 谷雨：时光易老，且珍惜	238
07 立夏：夏虫鸣，茶香幽	240
08 小满：熏香正当时	242
09 芒种：忙后得闲，方是从容	246
10 夏至：所有的美好，不期而遇	248
11 小暑：眼前无长物，窗下有清风	250
12 大暑：品茗一杯，焚香一炉，心自清凉	252
13 立秋：长夏清欢	254
14 处暑：暑气止，心气生	256
15 白露：清风不误，此心安处	259
16 秋分：梦长心可游	261
17 寒露：寒露秋意浓，一帘风月闲	264
18 霜降：奔赴，才是安顿	266
19 立冬：步履不停，向阳而生	268
20 小雪：慢下来，不急不躁	271
21 大雪：风雪客，乘衣归	273
22 冬至：生命因爱而坚韧	275
23 小寒：春风有信	277
24 大寒：心怀热爱，四季有情	279
后记	282

第一章

命中注定，初相遇

我是谁?
我从哪里来?
要到哪里去?
这或许是我们每个人
最初都会思考的问题。

01 / 偶然的相遇

我从事茶香美学工作已经十年了。十年之前，我还是一名幼儿园老师。如今回想起和茶香的相遇，方觉得，这相遇既是偶然，也是必然。

生命中很多的际遇，多数时候都是偶然。遇见一个人，从事一份工作，邂逅一片风景，或者喜欢上某件物品。这些不曾精心安排的故事，因为偶然，才有了色彩。

2008年的年底，我开始寻找实习的去处。此时，我的一位大姐姐在北京，听说我在找地方实习，建议我去北京。我不想留在湖南，有机会去北京，自然就去了。

这位姐姐彼时是一家公司的总经理，事业有成。但是她并没有利用自己的人脉资源给我安排工作。我初到北京，她就对我说："在北京，你不要想着有人会帮你，一切都要靠自己，你要自己去投简历、去面试。"她给了我一部手机，一张北京的公交卡。就这样，我开始了不断投简历、不断面试的经历。冬天的北京街头，格外冷冽。光秃秃的树，看不到一点生机，这番景象和我熟悉的南方完全不同。

但是，在这座陌生的城市里，我并不感到孤独。不断求职面试的那些日子，也是我与北京这座城市最为亲密的日子。我用双脚丈量着北京这座城市的土地，用耳朵倾听着清晨和黄昏时分北京的声音，用眼睛捕捉着城市里美好的瞬间。至今，我仍旧清晰地记得自己手拿一串冰糖葫芦，边吃边赶着去面试的画面。

因为我学的专业是幼儿教育，所以，我的首选目标是成为幼儿园老师。但这对初来乍到且刚毕业的我来说，是比较困难的。我想，先安顿下来，再做打算。经过重重面试，我最终选择入职了一家葡萄酒酒窖公司从事礼仪方面的工作。

由于我很确定我不会在这份工作上做多久，因此，安顿下来之后，我便报了北京师范大学的心理学专业，希望给未来的自己增加更多的筹码。就这样，我在北京开始了一边工作一边读书的生活。很快，职业的转折出现在几个月后的某天。

我工作的地方位于国贸大厦。那天我站在窗户边眺望这座对我来说依旧陌生的城市，我看到很多小孩子在奔跑，也有老师。我很确定那是一所幼儿园。后来经过了解，得知那是一所蒙台梭利国际幼儿园。于是，我便下定决心要去那里当老师。

很多年后，回想起那次的面试经历，我都觉得不可思议。也许真的是命中注定我会成为幼儿园老师。当我带着简历走进幼儿园的时候，迎接我的前台得知我是来应聘老师的，直言"我们这里的老师已经招满了"。虽然在我预料中，但是当前台正式告诉我的时候，我还是略感失望。

但我并未转身就走，而是跟前台说留一份简历在这，以后需要老师的时候，可以联系我来面试。见此，前台估计也不好拒绝，就接下了我的简历。

结果，我走出幼儿园没多久，就接到了电话。幼儿园的园长亲自打电话让我回去面试，来不及多想，我赶紧折返回幼儿园面试。面试很顺利，因为我是幼儿教育师范专业毕业的，而当时的幼儿园里，更多的是外教，缺少幼儿师范类的老师。就这样，我很顺利地通过了面试，入职了这所幼儿园。

这所国际幼儿园的氛围非常好。因为是新人，我自然也受到了很多同事的照顾。在幼儿园里，不仅有为学生开展的丰富多彩的活动，也有针对老师们开展的各式各样的交流活动。这些对老师而言，也是格外重要的。而我与茶的相遇，便是从幼儿园里的一场茶会开始的。

在此之前，我并未真正意义上了解过茶文化，也没有喝茶的习惯。那时候的我，对茶的基本认知还只是课本中所提及的"中国是茶的故乡""中国的茶远销欧洲""茶马古道"。在我生活的环境里，喝茶的人很多，但并无太多美感可言，一个水杯，或陶瓷的，或搪瓷的，或塑料的，或玻璃的，客人来了，往水杯中丢一小撮茶叶，然后注水。这就是湖南最常见的喝茶方式。如今想来，虽无美感，却充满了生活的烟火气。

有一天，幼儿园请老师为我们展示日式茶道。这是我第一次真正意义上接触茶道。喝的是什么茶，茶的口感如何，这些并未吸引我。吸引我的是在整个过程中充满美感的仪式。这种独属于茶的仪式感，瞬间让我感受到生命的深邃、内敛和优雅。从那时起，我对茶产生了浓厚的兴趣，并开始了自己的习茶、喝茶之旅。

许多事情有时很奇妙，别人跟你说再多茶如何好，行茶如何优雅，我们似乎都很难真正地去理解和喜爱。而有时，只需一个合适的契机，我们便会热爱一生。人如此，茶亦如此。

幼儿园的创始人曾对我讲过一句话，我记得很清楚："女人一定要学会泡茶，因为泡茶时能够表现出一个女人的优雅。"那个时候，我才20岁出头，但是我能够理解这句话中所说的优雅是什么，因为那天我在为我们展示茶道的老师身上看到了，也在我周围很多懂茶、热爱茶的朋友身上感受到了。时至今日，我仍旧确信，女性展现出来的这种优雅，是一种很高级的美。

在那之后的很长一段时间里，我一边从事着幼儿园的教学工作，一边开始自主地去了解和学习有关茶文化的一切。自己购买茶叶、品鉴，也会和周围的朋友一起交流茶艺。

那个时候，为了快速学习茶，只要有空，我都会去逛茶铺、茶行。因为我要买茶，所以，老板往往也愿意教我。经营茶铺的老板往往都是老茶人，他们懂的知识是书本上未必能学到的。许多茶人也是愿意分享的老师。关于如何选择紫砂壶，如何选择茶器具，如何冲泡，如何感受茶的香气，如何感受身体变化等，这些交流和学习，让我快速地建立起了对茶的基本认知。

　　起初，我只是出于好奇和兴趣而学习，随着学习的深入，我逐渐发现，茶不仅仅是一种饮品，更是一种生活态度和关于我们对生命认知的哲学。茶教会了我如何静心、专注和感恩，让我学会了欣赏生活中的细节和美好。茶成为我生活中的一部分，也成为我内心的滋养。

　　随着时间的推移，我对茶的学习不断深入。我开始参加各种茶会和茶艺比赛，并收获了一些荣誉奖项，也结识了许多志同道合的朋友。我们一起探讨茶的精髓，分享彼此的心得体会。在这个过程中，我不仅学到了更多茶的知识和技巧，也收获了珍贵的友谊和心灵的满足。

　　十年后的今天，回想起在幼儿园的那次与茶的初相遇，似乎是冥冥中注定的。人生路上，我们一路见山见水，既是偶然，也是必然。所有沿途的风景，见或不见，它都在那里。唯有心中一念，我们才能有所见。

02 / 从幼师到茶香使者

在学习茶的过程中，我同时接触到了香。2012 年，我的启蒙老师教了我一些关于香的基础知识。2013 年，我正式拜在莫非先生门下，跟随师父研习香学。这十年来，茶和香便成了我生活中无法割舍的一部分。

随着对茶香了解的不断深入，我愈发喜欢上了茶和香，以及有茶香的生活方式。茶带给我的不仅是一口茶汤进入口腔之后的清香，更多是内在思考。香带给我的不仅是一缕香气的愉悦，更是对生命之香的探寻。

后来由于某些原因，我离开北京来到深圳，并且继续从事幼师的工作。在从事幼师工作五年之后，我带着不舍选择了离开。这一次的离开，是下一段生命旅程的开始，或者说，是一个女孩子追逐茶香的开始。

辞去幼师工作之后，我旋即确定了寻茶寻香的第一站——福建安溪。我对安溪最初的认识便是茶。在和一些老茶人交流学习的时候，安溪便常在耳边。安溪被誉为中国乌龙茶之乡，有大众所熟知的铁观音。

2013 年 5 月，我到达安溪。一种独属于茶的气息萦绕着这片土地，空气中都充溢着茶的香气，连阳光和风似乎都有着茶的味道。在安溪，我结识了一位老师。我跟着这位老师学习了一段时间的茶，期间也接触到了香的一些基础知识。

我们都是幼儿园老师出身，因此有很多共同话题。这位老师除了研究茶之外，也从事香文化的传播。她的工作室叫茶法香道工作室，这个名字让我记忆犹新。虽然这位老师不是什么大家，却是一位很好的启蒙老师。正因为有她，才奠定了我今后行茶行香的基础。

结束了半年的学习，我回到深圳开始着手茶艺培训的工作。我并没有像其他从事茶艺培训的老师那样，拥有了十多年的行茶经历之后再去做这个工作，而是直接招生，开始茶艺教学。

我租了一家会所的空间，里面是榻榻米的设计，很符合我的教学需要。一个人，一个空间，我就这样开始了创业之路。那个时候，自媒体刚兴起不久，通过微信公众号写文章招生是最便捷、性价比最高的方式。由于我曾经是幼儿园老师，很多以前的学生家长成了我的第一批学生。

2014年5月19日，我的第一期学员班开班了。每一期课程为期5天，前面两天半学习茶，后面两天半学习香。令我没有想到的是，在一期学员班结束之后，很快就组织起下一期学员班。一个月基本可以开三四期学员班。

在开班之前，我知道会有一些人喜欢茶和香，但是没有想到会有这么多人喜欢茶和香。随着茶香课程不断地开展，我的学员组成也逐渐从最开始的学生家长扩展到各行各业的人，有学金融的，有学艺术的，有全职太太，他们或许带着不同的学习目标而来，但都在茶和香的世界里，找到了属于自己的优雅和从容。

有一个女孩子，在跟随我学习了一段时间的茶香之后，开了自己的茶馆，有了自己的事业。还有一位女性，学习了茶和香之后，和老公有了更多交流，因为她老公喜欢喝茶。也有一些女孩子跟我学习了一段时间之后，回到自己的家乡开班授课，分享和传播茶香文化，培养了更多茶香人才。

我经常对学生说，我不以培养茶艺师、香艺师为目标，而是希望我们每个人通过对茶香的学习，去改变一些东西，所有的改变是为了让生命更美好，生命需要一点优雅。

从幼师到茶艺师，其实并未改变什么，都是在传播和分享美。

　　幼师和茶艺师都是传授美的知识、传达美的体验的人。幼师通过绘画、音乐、舞蹈等艺术形式，向孩子们传达美的感受和情感；而茶艺师则通过茶道的仪式、茶具的摆放、茶叶的选择等，向人们传达美的价值观和审美观。

　　其次，他们都需要具备一定的美学素养和审美能力。幼师需要了解儿童心理学和美术教育学等相关知识，以便更好地设计和实施美育活动；而茶艺师则需要了解中国传统文化中的美学思想，如"以文化人"的理念、自然与人的和谐等，以便更好地传达茶道的美学内涵。

　　此外，他们都可以通过美育活动来促进人格发展和全面成长。幼师通过美育活动培养孩子的创造力、想象力、表达能力等；而茶艺师、香艺师则通过茶香的修炼，培养人的耐心、专注力、谦虚、宽容等品质。

　　从更深层次的角度来看，幼师和茶艺师的共同点也表现在他们对美育的重视和推动上。他们都是美育的实践者和推广者，通过自己的专业知识和技能，向社会传递美的价值和意义。幼师和茶艺师都在自己的领域探索和创新，不断推陈出新，使得美育更加丰富多样、具有时代感和现实意义。

　　从幼师到茶香使者，转换的是职业身份，不变的是教育的信念。

03 / 一念起众相生

我一直相信,世事皆有因果。当我有了去做茶、香的美学分享的念头后,似乎一切都朝着有利的方向发展着。在这个过程中,我得到了很多师友的支持。很多原来我不曾看到的人和事物,也都随着"念起"而"生"。

"一念起众相生"是佛学中的一个概念,意思是一个念头可以引发无数的因果关系。对于我而言,学习茶,学习香,最初只是在茶和香中感受独特的生命之美,而我喜欢这份美好,并在茶和香中让生命得到了滋养。因此,我想要去分享茶和香,让更多人通过对茶和香的学习,感受到这份美好。

孔子曾经说:"性相近也,习相远也。"人性本来是相近的,但是由于环境和习惯的不同,人们变得不同了。每个生命都是自由的,是多彩的,但我仍然相信总有一些东西是人们都向往的。

从我第一次透过一名茶艺师感受到茶的那份美开始,我便确信,美始终是人们共同追求的那道光。或许是美的容颜,或许是美的衣裳,或许是美的首饰,或许是美的空间,或许是美的艺术,或许是美的生命。

美的一念，生的是美的众相。

佛学中所讲的"一花一世界，一叶一菩提"也是"一念起众相生"的体现。一朵小小的花就可以代表整个世界，一片小小的叶子就可以代表整个菩提。在我的世界里，一盏茶便是生活，一缕香便是人生。习茶，收获生活的优雅；习香，懂得生命的从容。

这是我对茶和香的理解，也是我教学的主要思想之一。

在儒家思想中，孔子曾说："己所不欲，勿施于人。"因为对美的执着和喜爱，我想将茶香之美施于更多人。有价值的事情，一定会有越来越多的人一起参与。事实上，我的课程受到了很多人的好评。虽然是第一次以一名茶人、香人的身份讲课，但我从未胆怯。有时候我觉得，坐在面前跟我习茶、习香的成年人，和我曾经在幼儿园里面对的孩子们其实是一样的。

04 / 茶修香语

　　一杯茶、一炉香的时光，是一份难得的恬淡时光。缘深缘浅，看的不是前生与今世的跨度，而是今生彼此的维度。世间姻缘终是多了戾气，少了恬淡之心。若对待彼此能如茶人、香人对待茶香一般，静心相守，细细感受，又何必担心彼此缘浅许不下一个来生？

　　茶与香皆是一场修行。一口茶汤，一缕香气，能留到最后那一瞬的不过是自己的一念，又何必执着世间一溜虚幻的尘烟。自是内心丰满、身体安好最为重要，而这之外，人所追逐的安定也好，幸福也罢，自然也是清风自来。内心皆是尘土，看这世间便也觉得漫天尘土；若是内心澄明，看这世间自是清晰透彻。

　　品茶需耐住性子，而泡出好茶也需要耐住性子，如此方能体会其中的茶韵。相爱的人，有的人能让爱保鲜一辈子，有的人相爱不过三五月的光阴。一份保鲜的爱，离不开宽容以待。人们总是宽容着这个世界的一切，却常常唯独不能宽容身边人。而宽容以待，最好的就是耐住性子去爱。

　　焚香更需要沉下心。一炉香的香气，既是火（温度）与香料的彼此成就，也是人和这个世界的无言对话。无言之美，方是大美。焚香观烟，嗅其香，观其态，自有一份生命的诗意。

"茶修香语"是我当时茶香课程的主题。习茶、习香之路，也是我的修行之路。茶香文化，融合了禅宗、儒家、道家等哲学思想，旨在通过品茗、焚香、交流、修行，达到心境的净化、心灵的升华和人生境界的提升。在茶修香语中，修行者通过品茗、闻香、观色、品味、观心等环节，达到心境的平和、宁静与清净。

我的课程强调心境的平和。品茗时，我们需要保持内心的宁静，不被外界的纷扰所影响。这种心境的平和，有助于我们在面对生活中的种种困扰时，能够保持冷静与理智，从而更好地应对问题。

习茶、习香，非常注重心灵的升华。在品茗焚香的过程中，学习者需要用心去感受茶的香气、味道、色泽等细节，从而达到心灵的升华。这种心灵的升华，有助于我们在面对生活中的种种压力时，能够保持乐观与积极的心态，从而更好地应对挑战。

我的茶香课程并不只关注技巧手法等细节，而是通过品茶焚香过程中仪式化的表达，来提升我们对人生的理解。在茶香的修行过程中，修行者需要不断地提升自己的人生观、价值观和世界观，从而达到人生境界的提升。这种人生境界的提升，有助于修行者在面对生活中的种种困境时，能够保持豁达与宽容的心态，从而更好地应对变化。

修行，不分老师和学生。在大道面前，所有人都是学生。面对这个世界，我们唯有心怀谦卑，躬身治学。

在课程的间隙，我去了一趟终南山。在终南山，我认识了马守仁老师。马老师是一位对中国传统文化、历史、哲学很有研究的人。在跟随马老师学习的那段时间里，我对什么是茶、什么是香、茶香的文化起源，以及为什么我们要学习茶和香等有了更深层次的认识和思考。

终南山之旅，既是我的茶香学习之旅，也是我的修行之旅。

修行并不仅仅是信仰的修行，也是我们在生活中不断地提升自己，追求内心的平和与喜悦。生活即修行，这是一个深刻的道理。在日常生活中，我们不断地学习、成长和进步，这就是一种修行。

生活中的种种经历都是我们修行的机会。面对困难和挑战，我们需要勇敢地去面对和解决，这个过程就是锻炼自己的意志和毅力的过程。当我们在逆境中坚持不懈，最终战胜困难时，我们的内心就会变得更加强大。同样，当我们在生活中遇到挫折和失败时，也需要勇敢地去面对，从中吸取教训，这样我们才能不断成长。

生活中的点滴琐事也是我们修行的载体。在日常生活中，我们需要学会如何处理人际关系、如何与他人相处、如何关爱他人。这些都是对我们修行的考验。当我们能够用善良、宽容和爱心去对待他人时，我们的内心也会变得更加美好。此外，生活中的琐事也需要我们用心去对待，如照顾家庭、处理工作等，这些都需要我们付出努力和时间，从而让我们更加珍惜生活，提升自己的品质。

生活中的快乐和幸福也是我们修行的目标。在忙碌的生活中，我们需要学会寻找快乐和幸福。这可能包括与家人、朋友共度美好时光，享受大自然的美景，或者投身于自己喜欢的事业和爱好。当我们能够在平凡的生活中找到快乐和幸福时，我们的内心就会充满阳光，从而更好地面对生活中的一切挑战。

生活中的自我反省和提升也是我们修行的过程。我们需要时刻保持清醒的头脑，对自己的行为和思想进行反省。通过反省，我们可以发现自己的不足之处，从而在以后的生活中加以改进。同时，我们还需要在不断地学习和实践中提升自己，使自己变得更加优秀。

生活就是我们修行的道场。在这个道场上，我们需要不断地学习、成长和进步，从而使自己的心灵得到升华。只有这样，我们才能在这个纷繁复杂的世界中找到真正的幸福和快乐。

终南山之行，让我明白了茶和香绝不是一口茶汤或者一缕香气，而是借茶汤、香气，承载着我们对这个世界的理解，以及当下我们的生命所处的状态。有时候，茶、香也可以承载一个过去的人，或者过去的事。我请一个朋友喝过一款茶，此后，我们便在茫茫人海中渐行渐远。很多年后，我和朋友再次相见的时候，朋友的第一句话是："每当我一个人喝茶的时候，总是会想起你。"那一刻，我确信，茶不仅是茶，茶有时候会带着茶人的温度，传递给每一个坐在面前喝茶的人，香亦如此。

人生修行的方式有很多。有人在寺庙暮鼓晨钟的诵经中修行，有人在黑白棋子间修行，有人在笔墨山水中修行，有人在步履不停的风景中修行，有人在琴键琴弦的旋律中修行，而我，在茶与香中修行。

"茶修香语",不仅是我的课程的主题,也是我一以贯之的茶学香学的重要理念。十年后的今天,再回首,我看到无数女性通过茶香拾得了灵魂的优雅与从容。这正是我所希望的。

05 / 余生只为茶和香

余生只为茶和香,以茶和香作为我毕生事业与生命追求。在这个繁华的世界里,我选择了这份宁静与恬淡,用心去品味生活中的每一份甘甜与苦涩。

清晨,当第一缕阳光洒进我的茶香书房,我便开始忙碌起来。烧水、洗茶具、泡茶,然后焚一炉香。每一个动作都认真、专注。茶叶在水中舞动,散发出淡淡的清香,仿佛诉说着它的故事。我喜欢这样的时刻,它让我感受到了生活的美好,让我的心灵得到了净化。香的青烟,袅袅升起,氤氲在空中,交织着阳光,时间仿佛变得温柔了起来。

品茗焚香之余,我会拿出一本心爱的书,静静地阅读。书中的文字如同智慧的火花,照亮了我前行的道路。我会在书中寻找人生的哲理,体会生活的真谛。在这个过程中,我不断地学习、成长,让自己的内心变得更加丰富与深厚。

午后,我会在茶香的陪伴中开始处理手头的工作。课件的撰写、修订,文案脚本的创作,因为有茶香的陪伴,这些繁琐的工作事务,倒也并不会让我焦头烂额。

夜晚，我会邀请三五好友，一起品茗论道。我们会谈论人生百态，分享彼此的心得与感悟。这些朋友如同我的知己，陪伴着我走过人生的风风雨雨。在这个过程中，我学会了珍惜友情，也让自己的生活变得更加丰富多彩。

岁月流转，时光荏苒。在这漫长的人生旅程中，我始终坚守着对茶和香的热爱与执着。我相信，只要用心经营，这份事业定会给我带来无尽的喜悦与满足。而这一切，都将成为我人生中最宝贵的财富。

过去十年，我感受到了这个世界的巨大变化。移动互联网从刚刚兴起到如今成为主流；知识的获取，从过去的图书到如今的一部手机即可；钱币从看得见摸得着的实物变成了手机支付时的数字。新兴产业在时代的日新月异中全面开花，人们的职业选择也伴随着科技的发展而改变着。有一些传统的职业在这股巨大的时代洪流中逐渐消失，但我相信，教育永远不会消失，也不会改变。人类的知识传播，依赖于教育。只要有教育，文明的火种就不会熄灭。

过去的十五年里，我一直从事着教育的工作。从幼儿园的课堂，到茶香的课堂，我看到的是一样渴望成长的灵魂。在知识的面前，我们每个人都是稚童，每个人都是渴求者。渴求变得聪明，渴求变得博学，渴求变得优雅，渴求变得博爱。

在学生面前，我是老师。可是在茶和香面前，我仍旧觉得自己是学生。茶还是那茶，香也还是那香，每天太阳升起又落下，茶又似乎不是那茶，香又似乎不是那香。茶与香，总是带给人惊喜。有茶香陪伴的日子，从来

不会觉得乏善可陈。

  这个世界还有许许多多爱茶爱香的人，我们总是能在茶和香的世界里优游涵泳。茶香的世界，让我们拥有一个属于自己的桃花源。

  余生，我只愿行香奉茶，别无他念。

06 / 诗意的生命

我常常和朋友探讨关于生命的话题。天地广博,宇宙浩渺,生命的形态也是千千万万。不同的人,最终的生命色彩也是不同的。有的如同麦田里的麦子,金秋的风吹来,饱满热烈地拥抱着阳光。有的如同南太平洋的海鸥,在宽广的大陆和浩瀚的海洋上空翱翔,与风为伴。有的如同草原上的格桑花,在阳光和清风中,与蛱蝶为伍。

儿时,或许每个少年都有一个伟大的梦想:成为影响世界的英雄,成为科学家、宇航员、发明家,或者成为像鲁迅、老舍、马尔克斯、托尔斯泰那样伟大的文学家,又或者成为如同肖邦、贝多芬那样举世无双的音乐家。

长大后,少年的梦渐行渐远。触手可及的是平凡。生命成长的过程,是一个慢慢接受自己平凡的过程。所以,我们不必为此感到焦虑。看着两鬓斑白的父母,我们知道自己有赡养的责任;看着天真无邪的孩子,我们知道自己还有抚养的使命;即便是路边的一朵小花,当我们相遇的那一刻,我们知道自己还有探索美的追求。

每个平凡的生命,也是不平凡的。每个人的一生,是如此的与众不同,正如这个世界上没有两片完全一样的树叶，每个人的生命从来都是不一样的，是与众不同的。

承认自己平凡，就会善待我们当下所拥有的一切，即便我们无法像诗人那样谱写出曼妙的诗篇，但是我们可以做一个热爱生活的人，让自己的生命充盈一点诗意的气息。

诗意的生命是一种追求美好、热爱生活的态度。它不仅仅是对物质生活的享受，更是对精神世界的滋养。诗意的生命是在平凡中发现美，在琐碎中体验幸福，在繁华中寻找宁静。

诗意的生命会敬畏与尊重自然。在这个快节奏的现代社会，人们往往忽略了大自然的美好。然而，诗意的生命懂得去欣赏那些被忽略的美，去感受那些被遗忘的宁静。在茶园里，诗意的生命会感受到生命的蓬勃与活力；在山水间，诗意的生命会体会到大自然的壮美与神奇。

诗意的生命会渴求与追求知识。在这个信息爆炸的时代，人们往往沉迷于网络与娱乐，忽略了知识的积累与传承。然而，诗意的生命懂得去阅读那些厚重的经典，去学习那些博大的智慧。在书籍的世界里，诗意的生命会感受到思想的碰撞与交流；在智慧的殿堂里，诗意的生命会体会到成长的喜悦与满足。

诗意的生命会珍视与维护友情。人们往往为了利益而争斗，忽略了真诚的友谊。然而，诗意的生命懂得去珍惜那些真挚的友谊，去维护那些美好的回忆。在朋友的陪伴下，诗意的生命会感受到温暖的力量；在知己的倾诉中，诗意的生命会体会到人生的真谛与价值。

诗意的生命会向往与执着爱情。人们往往追求短暂的激情，忽略了长久的陪伴。然而，诗意的生命懂得去追求那份真挚的爱情，去守护那份美好的承诺。在爱情的世界里，诗意的生命会感受到幸福的甜蜜；在执子之手的时刻，诗意的生命会体会到相濡以沫的浪漫。

诗意的生命是一种对美好生活的追求与向往。它让我们学会在平凡中发现美，在琐碎中体验幸福，在繁华中寻找宁静。让我们用心去经营这份诗意的生命，让它成为我们人生中最宝贵的财富。

我常常会觉得，茶和香是大自然的馈赠。在阳光雨露中，在冰雪骄阳中，一片树叶最终成为茶碗中的一口茶汤，一块香料最终化作香炉中的一缕香烟。那片树叶是亿万片叶子中的一片，那块香料也是亿万块香料中的一块。这是多么美妙的缘分啊，最终，它们能被我所拥有。这样的故事，已经足够诗意了。何况，在茶和香中，总是伴随着无数精彩绝伦的故事。这些故事里，有你，有我，有他。

热爱茶和香的灵魂，从来不会觉得生活乏味，不会厌倦尘世里的烟火。因为爱茶爱香的人，早已身在烟火之中，乐在烟火之中，在烟火中发现四时的诗意。春天，桃花灼灼，饮茶焚香，感受清澈的气息；夏天，采莲南塘，莲子伴茶香；秋天，月桂飘香，桂花茶香最宜人；冬天，寒梅一枝，热茶暖炉，好不惬意。四季的风景，皆可成为茶香的注脚，成为诗意生命的注脚。

第二章

看山是山，看水是水

『看山是山，看水是水。』每个人的生命都会经历这样一个阶段。在这个阶段里，我们看到的事物，都是外在世界呈现给我们的样子。此时的我们，就如同一个孩子，用最本能的视觉、触觉、嗅觉、感觉，去理解着世界。

01 / 寻茶之路：理想精神

寻茶之路绝非一条容易的道路。对茶人而言，寻茶，寻的不仅仅是那一片叶子泡出来的茶汤，还有叶子的故事，关于自然宇宙的秘密，关于阳光雨露的故事。茶叶生长于风霜雨露之中，寻茶之人又怎敢说不经历风霜雨露就知茶味？

寻茶，我会和理想精神联系起来。对我而言，理想精神甚至可以直白地理解为执着精神。寻茶之路，如同三藏西天取经之路，没有执着精神，便到达不了西天、取不了经卷，便到不了茶山、寻不得好茶。

这种理想精神，我曾在一本小说中感受到过。"不做俗人，哪儿会知道这般乐趣？家破人亡，平了头每日荷锄，却自有真人生在里面，识到了，即是幸，即是福。衣食是本，自有人类，就是每日在忙这个。可囿在其中，终于还不太像人。"《棋王》里的这段文字直达生命哲学奥义。

今天，我们再读《棋王》，或许读到的是别样的精彩。在我看来，这就是一种理想精神。

对茶人来说，茶人的理想精神自然莫过于一杯温暖的茶。茶中自有茶语，茶中自有茶道。一杯温暖的茶，有着温暖的茶气。品尝一杯茶，就如同一位温柔的女子对你呢喃述说着她的往事。

执着于茶，却不执着于喝茶，这或许是很多茶人的精神状态。喝茶不过是一种形式，真正的内核是将身体交付给面前的茶，体味一杯茶所营造的一方境界的温柔，从而，与之共存、交融。

我们为生活所奔波忙碌，却不囿于生活。

男人女人

男人有男人的生活，有男人的理想精神。万千世界，纷繁多沈，面对妻子、孩子、父母，男人的理想精神不过是给家人一个安全、温暖的家。有这样一个男人，他是几个孩子的父亲，为了让孩子们能够读书学习，他不得不去做一名矿工，这是一份极度危险的工作。但是对他来说，只要能挣钱、能让孩子们上学，他就没有什么顾忌。他的生活乏善可陈，每天就是踩着一辆老式的二八自行车到矿上，到家时常都已经凌晨一两点，风雨无阻，他坚持着内心的理想精神——让孩子们上学。

一个女人为了家庭，为了卧床在家的丈夫和还在上小学的女儿，甘愿背井离乡，到遥远的城市打工。对她来说，最幸福的就是在电话亭里听女孩用娇嫩的声音叫自己"妈妈"。在陌生的城市里，她用自己的双手一点一点地挣取着给地处那个偏远之地的家的保障。即使很累，心里也很开心幸福，只因她心中的理想精神。

这是普通人的理想精神。现实生活中的理想精神有时比文学作品中的更加精彩。王一生是《棋王》里人物，又何尝不是我们身边的每一个人？

寻茶人,寻茶

寻茶之路,寻的不仅是茶,还有人。

我曾在杭州拜访过一位茶人,那个老者给我的印象不是特别好。他总是习惯批判别人,言辞之中,我能感受到一股戾气。面对这位老者,我不由得细想,茶到底是什么?茶人又该是什么样子的?关于茶,关于茶人,我的心中充满了疑问。

在寻茶路上,我遇到了很多形形色色的人。有神仙,有大咖,有妖魔,有鬼怪,有名士,有大儒,但更多的是普普通通的生命。抛开身份标签,每个人既是与众不同的,却也是相同的。他们可能会有与众不同的生活轨迹,与众不同的精神,与众不同的价值观,但是在客观环境的影响之下,他们可能会有相同的偏执、相同的人性弱点。

我知道,遇到他们,也是我寻茶路上修行的一部分。

偏执,或许是我作为茶人需要去直面的一堂课。我常常对我的学生讲要做到"不二"。"二"就是分别心。因为一旦我们有了分别心,人便有了好坏，物便有了美丑。因为有分别心，所以我们常常会遇到一些茶人总是充满戾气，总是批评他人的诸多不是，却不会好好地沏自己的一杯茶。

偏执也是如此。我甚至觉得偏执是我们每个人都要走过的一段路程，而后才有借茶修行的意义。每个人的存在都有他的道理，我们不是神，我们更多时候算是井底之蛙，有时候我觉得自己是一粒尘埃。

我们以为自己很了不起，其实和大自然宇宙比起来，我们真的很无知。特别是当我遇到一些圣贤、读到一些圣贤著作的时候，会感到自愧不如，甚至为自己某一个时刻的傲慢而感到羞愧。谦卑之心很重要，把自己放下来，只有放下来，才是真正抬高自己的开始。只有倒空杯子里的茶汤，才能够让新的茶汤倒进来，才能喝到新的茶汤。

茶人寻茶，其实是一种返璞归真的理想精神。大概是每位真正的茶人都要经历。寻茶之路千万里，比不得唐僧西天取经历经九九八十一难，却也得在寻常生活中上下求索，非一朝一夕之事。

真正爱茶之人，无不在上下求索茶的精神，这种寻茶的理想精神，不正是禅道的一种么？

我们生存在这大千世界，又如何避免烦恼的滋生？殊不知，有烦恼，皆因我们内心的那股理想精神。理想精神，让人快乐，也让人烦恼。

屈原，这位伟大的浪漫主义爱国诗人，因他内心怀有对故国的理想精神，书写了伟大的诗篇《离骚》。在《离骚》中，我们不仅看到了一位诗人的浪漫主义情怀，同时也看到了诗人心中无限的烦恼。

第二章 看山是山，看水是水 / 53

正是他伟大的理想精神成就了《离骚》的伟大，也成就了诗人的伟大。

茶人寻茶，心怀理想精神，茶自然是清凉之茶、平和之茶、禅味之茶、无心之茶。悠悠的时光，因茶而清凉，因茶而平和，因茶而富于禅味，因茶而无心美好。这样的时光里，无关生活的纷扰，无关世界的喧嚣，无关周遭的躁动。心怀理想精神，品一杯茶，重新遇见自己。

02 / 道艺相生

  道艺相生是中国传统文化中的一种哲学思想,强调道德与技艺的统一。在茶道、茶艺、茶文化、香文化中,道艺相生的理念得到了充分的体现。

  茶和香是一种追求和谐与美的生活方式。在茶道和香道中,茶人通过泡茶、品茶、品香,追求身心的宁静与和谐。这种追求和谐的生活态度正是道艺相生的体现,因为茶道和香道不仅仅是一种技艺,更是一种生活态度和人生哲学。

  艺是道的实践过程。以茶为例,茶艺包括泡茶、品茶、赏茶、闻香等多种技艺,这些技艺都需要茶人通过长时间的学习和实践才能掌握。在这个过程中,茶人不仅要注重技艺的熟练程度,还要注重道德修养的提升。因为一个优秀的茶人,不仅要有高超的泡茶技艺,还要有良好的品德和气质。这也是道艺相生的表现。

  茶香文化是茶道、香道、茶艺、香艺在历史长河中积累和传承的文化现象。茶香文化包括茶叶和香料的种类、泡茶焚香的方法、品茶品香的技巧等方面的内容。在茶香文化的传承过程中,道艺相生的理念得到了不断地弘扬和发展。茶香文化强调人与自然的和谐相处，倡导人们追求简朴、自然的生活方式。这种生活方式正是道艺相生的体现。

从道艺相生的角度看茶和香，我们可以发现它们之间有着密切的联系。茶香文化都是中国传统文化的重要组成部分，它们共同体现了中国人民追求和谐、美的生活方式和人生哲学。在今天，我们应该继续发扬和传承道艺相生的精神，让更多的人了解和热爱茶香文化。

道艺相生，我觉得"道"和"艺"是相辅相成的。《道德经》里讲"道可道非常道，名可名非常名"。什么意思？就是你说出来就不是了。禅是什么？禅也是这个道理，说出来就不是了，只可意会、不可言传，它是形而上的东西。

我们常说茶道精神是茶文化活动的最高原则，茶道精神是什么？茶道精神隐喻着儒释道文化，是一种借茶修行的饮茶艺术。所以说"道"是很私人的东西。"道"不是一种可供观测、可供科学研究的存在，更不是说给发一个证就说你的道行够了。我们在面对生活中的人和事的时候可能做得很好，表现得道行很深，但这并不意味着我们在面对未来所有的人和事的时候也如此。所以，借茶修行是一辈子的事，没有止境。最终要做到的，其实还是在日常生活的方方面面中修行。

"艺"是什么？"艺"是技艺。道法必须借助载体。艺是可以独立于道之外而存在的。比如说工人打一把铁壶，如果只是一把具有实用性的铁壶，那工人就只能是工人。倘若他赋予了铁壶心性，赋予了铁壶文化层面的意义和价值，并且在制作工艺上真正做到了出类拔萃，那么他就跳出了工人

第二章 看山是山，看水是水 / 57

的身份，而走进了匠人的行列。我们常说"匠人精神"，其落脚点在后面的"精神"上，精神所传达的就是文化、认知、修为，就是"道"。

"道"和"艺"的关系如同书画领域中艺术家的思想精神和笔墨技巧的关系。伟大的艺术家，须有很强的笔墨技巧，借助笔墨语言来传达艺术家的生命思考，比如说元四家之一的云林，他的绘画风格就是简淡，在他成熟的山水作品中，我们几乎看不到有人的存在。他所要表达的就是一个空寂无人的素净山水自然世界。他觉得人是俗气的，人的存在是对美好世界的破坏，这就是艺术家的精神，是艺术家所追求的"道"。而在此之前，从他的早期作品来看，他仍旧是在五代、两宋中汲取营养，以此来训练自己的笔墨技巧，从而形成自己的笔墨语言。

为什么我会有"道艺相生"的理解？以前有一个做点茶的老师，很有意思，他认为自己的点茶就是茶道，他其实没有理解什么是茶道。他所展现出来的，仍旧是技艺层面的东西。

很多人看过我的表演也会说我所呈现的是技艺的东西，其实不然。我每次在沏茶的时候，内心是无比安静的，我认为每一次的沏茶焚香就是一次修行，所有的动作都是自然而然发自内心的表达。我表演的时候，眼里没有任何人，只有茶。

2016 年，我 26 岁。当时有一个北京现代舞团来深圳保利剧院演出。在正式演出之前，有一个十分钟的行茶环节，由我来执行。在一个偌大的舞台上，仅我一人。而舞台下面是几千人，我一点都没有恐惧，因为我的眼里只有茶，没有人，就像倪云林的眼里只有山水而没有人一样。

03 / 形式为内容而存在

近些年很多人反对茶艺表演，不理解茶艺表演的存在意义。之所以会产生这种想法，我觉得是两个方面的原因造成的。第一个原因是观者还无法通过茶人的一些动作语言去理解茶人所要传达的精神。就好比我们看舞台剧，舞台上的每一件物件都有其存在的合理性，观者需要结合整个舞台剧的主题内容以及情节去了解其背后的意义。这需要多看、多交流、多学习。没有人天生就擅长洞见自己不熟悉的领域。

第二个原因就是茶人因为不够专业、不够自信，从而过分地强调一些多余的形式。为什么很多人一上台表演就手抖？我看过很多人的茶艺表演，也辅导过很多人比赛，很多人上去就手抖，其实更多的是因为怕，觉得自己在舞台上要表现。有这种"表现"的心理作祟，就会紧张，会怯场。当然，其根本原因是不专业，对自己的表演不自信。

就像一些舞者，如果境界不高，会有许多多余的表演动作。沏茶也一样，一定是恰如其分，没有多余的动作。反之，如果有很多多余的形式，我们就会觉得很奇怪。表演应该是有章法的，这些形式是为表达内容而存在。

比如说我们去武夷山看《印象大红袍》，它其实是有情景的，虽然没有过多的文字旁白，但是我们可以结合环境、情景来了解它描述的是一个怎样的故事。

茶艺表演，不是一种只为实现舞台效果、只为好看而存在的形式，而应该是类似舞台剧一样的艺术形式。茶艺表演同样涉及到舞美、服装、灯光、音乐，以及主题。这些都是需要茶人去深思熟虑的，而不只是在台上完成一连串的动作。

专业的茶人，擅长用朴素的形式去传达观众能感知到的美，是非常自然的，不做作的，不花哨的。之前在湖北有过一场樱花茶会，那场茶会上的总体形式是美到极致的，整个茶会的设计就如同一场以茶为主题的舞台剧，整体上呈现出来的是一种很高级的美感。

04 / 回归本质，做自己

　　在整个修习过程中，我始终在追逐自己。我觉得自己才是最重要的。我们喜欢茶，喜欢香，我们可能因为受到一个茶人香家的触动，从而走上了习茶、习香之路。在万千人海中，为什么会被那个人触动，而不是其他人？这就是"自己"的重要性。我们习茶、习香也是要做自己。

很多做茶艺表演的学生来找我学茶，有些本身就是做茶艺培训的。他们之所跟我学，是因为觉得我的动作很好看。但是在学习的过程中，我就发现很多人学起来很怪。我本身也是一名舞者，但是我不愿意教人跳舞，因为舞蹈是要有舞蹈基础的，没有舞蹈基础的人骨头很硬，做出来动作就很奇怪。如果只是单纯地模仿动作，就有点邯郸学步、东施效颦的感觉。对我来说，有些形式，其实是很个人的，很难教给其他人。举个我们都知道的例子，王羲之在一场雅集上，因为醉酒而写就了天下第一行书名篇《兰亭序》。他在写这篇作品的时候，完全处于一个"自我"的状态之中，这是很难被模仿的状态。所以，后世很多人模仿都无法写出其中的神韵。

在茶、香、舞上，我不会刻意地去教我的学生，但是如果学生真的很想学，我会给学生演示一遍，学生最后要不要学，那是自己的事情。

我要教的是什么？回归本质的东西。把每个动作做到极致、干净、简单。连转个杯都不会，洗个杯都不会，还想干什么？这些都是最基础的，也是一种本质的东西。我的行茶，所呈现出来的其实就是简单，没有那么复杂。越简单反而越难。就像我们跳舞一样，做快动作反而容易，动作要做到慢，反而很难。行茶其实也是这样子的。

有很多茶人都值得我们去学习，比如王琼老师、李曙韵老师等，他们在各自的领域里都有建树。王琼老师的"行茶十式"影响了很多人，她的动作简洁、柔美，展现了女性的魅力。李曙韵老师有着很高的美学眼界，这可能得益于她在台湾对传统文化的耳濡目染，因此她能在茶美学上展现出非常强的专业和文人气。这是她们的专业素养。可是就在舞台上行茶表演而言，我可以很自信地说，两位资深的茶学老师不一定有我做得好。

我有我的修为和基础，比如我对茶的理解是我个人的，我对茶艺的形式的理解也是我个人的，甚至我的舞蹈基础也成了我行茶表演的一部分，这些都是我的优势。每个人都有自己的特长，我很清楚我的优势是什么。

随着阅历的增长，我们对许多事物会有自己的判断，不能盲目地接受一切信息。事实上，这种判断有助于我们成长。就像现在的我，也会觉得王琼老师在某些细节上不够好。当然，这不是批评，我是非常尊敬王琼老师的。我所认为的不够好，完全是基于我个人的一些理解，比如她在行茶上手部和腿部的一些动作，我觉得可以根据男性女性的区别而有所不同。比如，双脚打开这个形式，这对于男性而言是很好的，能够展现出阳刚之气，但是对女性茶人来说则是不妥的，女性的双脚应该是并拢的状态。

男人要有男人的阳刚之美，女人要有女人的阴柔之美。这是正常的。如果一个男人展现出来的是阴柔之气，女性展现出来的是阳刚之气，这就颠倒了。当然这不是说男人只能有阳刚之气，不能有柔的一面。事实上，阴阳就是相生的。在男性阳刚之下，也应该有柔的存在。在女性柔软的外表下，也应该有阳刚的内在。

　　现代社会，我们会发现很多女人很强势。强势的目的是什么？是为了掩盖自己内心的脆弱。我在课上经常对学生说，我们可以很柔软地对待身边的人和事，但是内心一定是很强大的、很坦荡的。往往内心强大的人，所表现出来的状态才会是从容的、柔软的。如果我们的内心不够强大，怕没面子，害怕人群，害怕别人的评价，所展现出来的就是不自信。

　　我的视频号流量起来之后，我开始被很多人关注，有很多鼓励我、支持我的陌生人，同时也会有很多批评的声音出现。有一次，一个陌生人针对我在视频中带围巾出镜进行中伤，说我之所以戴围巾是因为有老人皱纹。这样的声音有很多，很多也是我不曾想到的。但是我的原则始终如一，面对不友好的声音，我的态度是，不在意。

　　在网络上，我不喜欢和任何人争论。别人批评得有理有据，我认为很好。如果是恶意的，我也觉得"很好"，仅此而已。如果太较真，太在意，那活得太累了，轻松一点不好吗？原本我们的生活就很累了。好好喝一杯茶，好好品一炉香，放松一点，别去在意让我们更累的事情。

05 / 不争不斗，可得神仙

明末清初的著名画家八大山人有一幅特别有趣的作品，叫《稚鸡图》。整个画面背景空无一物，稚鸡被置于画面中央，它浑身上下似乎还残留着从蛋壳中带出来的潮湿黏液。稚鸡除了眼睛部分以黑墨描绘之外，其余部分皆运用了淡到几乎与背景相融的淡墨。

稚鸡浑圆的身体蜷缩着，翅膀打开，眼睛睁着，却又仿佛没有看向某个特定方向。这种奇怪的眼神在八大山人的许多鱼画中出现过。不少人认为这是对新政权的一种不屑，但我并不认同这种观点。我更倾向于将这种眼神解读为"无斗"的思想。画面中的题诗有一句"芥羽唤僮仆"，显然，这只稚鸡并非一只"芥羽而斗"的鸡。

或许我们从出生便处于争斗之中，读书时，为成绩而争；工作后，为业绩而争；退休后，为儿女之事而争。过去我们常被灌输要保持竞争力，我时常会想，这难道就是我们每个人必需的生命形态吗？有没有可能不争不斗？人与人之间争斗的意义何在？难道只是为了试卷上比别人多出的那

第二章 看山是山，看水是水

几分？抑或是业绩表上比别人高出的直方图？

当我们将自己从一个争斗的漩涡中抽身出来，回到一个独处的空间的时候，我们常常会觉得这一刻是如此的幸福。下班后离开办公室回到安静的书房，沏上一壶茶，点上一支香，摊开一本书，无争无斗，只品一口茶，闻一缕香，读一页书。生命在这一刻，是自由舒适的。我想，艺术的存在，大概就是为了在一个争斗的世界里，为人们提供心灵上无争无斗的慰藉。

一如这幅《稚鸡图》，唤醒了人内心中的柔情，也让人品到了一缕生命深处的幽香。通过这幅作品，我们也看到了每个人内心中温柔的一面。当我们面对一个弱小生命的时候，没有人会产生争斗之心。这大概也是八大山人的用意。

在习茶的过程中，我们首先要戒掉的就是斗气，斗气和茶气是冲突的。有斗气的存在，我们很难感知到茶气的美好。身为茶人，我们要展现出来的应该是生命的"茶气"。什么是茶气？我觉得就是返璞归真，不争不斗。

在短视频时代，很多茶人会借助短视频这种形式去分享和传播自己的专业知识，分享自己的生活。一旦我们的视频被更多人看到，就一定会伴随着各种非议。这是太正常不过了。不去争长短，不去斗输赢。必要的时候，甚至可以戏谑自己。

在书法圈有一位名气很大的书家，当然，他的名气可能不是太好的那种名气，他经常在表演创作时吼叫，人们称之为"吼书"。很多网友看到他写字就会谩骂，诸如"侮辱了中国书法"之类的话，还有更难听的。但是这位老师从来不去争、不去斗，仍然"我行我素"。

事实上,这位老师的书法功力很深,我曾经问过几位专业的书法家,他们和这位老师没有交集,但是都对这位老师的书法表示出了极大的认可。

每个人说了什么做了什么,很多时候是由他的成长和生活的环境决定的。对方活成什么样子,是有他的道理的。生命中很多朋友也是,朋友对你的认知不一定是正确的。我身边有两个朋友特别喜欢去争个输赢,这两位朋友都属于内心要强的人。她们的要强性格,有时候会伤害自己,有时候会伤害他人。

06
茶香舞，
奇妙的开始

熟悉我的人都知道我喜欢跳舞，并且将舞蹈和行茶行香进行了融合，也就是我的茶香舞。为什么我会把舞蹈放入茶香里面？早些年，我受邀出席一场活动，在舞台上有一位行茶的老师，在整个行茶过程中，这位老师做得很认真，现场观众却并没有给予这位老师足够的尊重。有人会从她的茶席上跨过去，有人会去翻老师的东西。"你们在干什么？"这是我当时内心的声音。

　　这么高雅的琴棋书画、诗酒茶香的东西，却没有获得人们的一点尊重。感觉舞台上的茶人就像是被人围观的猴子，而茶人就算再生气也没办法在那种场合表现出来，只能掩饰着自己的委屈和不满。

　　这种情形在我早些年的一些行茶行香活动中也经常遇到。最初我和大多数茶人一样，只能按照流程默默地走完。下面吵吵闹闹，窃窃私语，走来走去。我只能安慰自己，心态第一，不去计较。

　　也有老师会现场发作表达自己的不满。在一场会所举办的茶会上，有一位老师在行茶，下面吵吵闹闹的，老师说话也没人搭理他。这位老师就生气了，拍桌子说："你们太不尊重我了。"他真的很生气，最后没有结束就走了。我挺敬佩这位老师的勇气的，但我不能像这位老师这样。自那次之后，我就在琢磨，我该如何让观众尊重我？如何让观众安静下来去感受茶和香的美好？我想过很多办法，这些办法因为实在是太奇怪，最终都被我否决掉了。

　　我个人很喜欢跳舞，经常会在工作室里独舞一番。有一次，我在跳舞的时候就想，是否可以把舞蹈融进茶香之中？这个念头一起，我就觉得可行。虽然我不是科班出身，但自小就热爱舞蹈，后来也找舞蹈老师学习过，包括藏舞、蒙古舞、现代舞等，都有一定基础。

相比专业舞蹈出身的人，我反而没有太多的局限，不会受到一些专业知识的限制。因此，我的舞蹈有自己的个人特点。这种特点和我的行茶行香有着高度的统一。在舞蹈动作的编排上，我会更加强调音乐节奏。

2016 年，我应邀去韩国进行茶、香文化的交流。日本人和韩国人行茶行香，就是很专注地表演自己的一套动作，这和我们的情况基本类似，可能他们在服装上比我们更讲究。我发现观众的反应和我们这边的情况是一样的。茶人、香人在舞台上表演自己的，台下的观众的注意力根本不在茶人、香人身上。再一个，日本、韩国的茶道香道往往会选择狭小的空间，这其实不利于更多人参加的大型舞台。观众其实看不清楚茶人、香人在干什么。看不清，就不看。

那次我的行茶融合了舞蹈，这是我有意识的一次尝试，还是在韩国。结果现场观众的注意力都集中在了我的身上。在音乐的节奏中，我的舞蹈动作非常自然。由于前面舞蹈吸引了观众的注意力，后来的行茶环节也获得了许多人的注意力。

那场结束之后，当天下午，主办方希望我能再加一场，因为韩国人想看，他们觉得我的内容很有意思，跟他们的不一样。我的行茶，加入了舞蹈，加入了情景，加入了音乐。在此之前，没有人这么做，这是我的原创。就茶艺表演而言，有资格登上舞台的都是很了不起的茶人，但是要做到让观众去注意你是很难的。因此，茶香舞，作为一种独特的艺术形式，其根本作用就是抓住观众的注意力。

07 / 随机应变

我的茶香舞,更多充盈着一种随机应变。有一年,我受邀参加在中国香港举行的世界佛学青年研讨会,来自全世界的佛学文化爱好者、研究者齐聚一堂,有来自美国的、新加坡的、韩国的、日本的……

我那时候只是一个"小白",抱着参观学习的心态参加研讨会,不承想,到了那里之后,他们说:"韵霏,你帮我们这些师兄编排一下舞蹈吧。"后来,他们又希望我跳一支舞。我心想,我要跳啥啊?我什么都没准备。最后我还是应允了下来,我先给师兄们编排了一支舞蹈,然后又给自己编排了一支舞蹈。

有了这个开始,我似乎在舞蹈上"开窍"了。很多时候,我只需要听一遍音乐就能够临场编排出来一支舞蹈。在工作室里,我经常和朋友喝完茶之后就临场编排一支舞蹈,然后忘我地、尽情地跳上一段。这种感觉真的很奇妙。于是,舞蹈和行茶就此成为了我给很多人的一个印象。

这种融合不是一成不变的。如今回头看我早些年的舞蹈和行茶行香,会看到很多不完美的地方。有些动作我今天再看会觉得有点生硬,应该可以更好。这就是成长带给我的认知。人的认知也是在成长的，因为人成长了，变得更好了，才会看到过去的一些不完美。明天的自己，回头看今天的自己，同样如此。

后来，我进一步地探索出了更多的可能，比如将古琴、舞蹈、香、茶进行融合。这种探索是很有趣味的。从某种角度去看，这种探索也是在锻炼自己的应变能力。当我面对一些临场突发情况的时候，会更加从容。

有一年在韩国参加一场活动，我受邀登台行香。为了这次演出，我前期做好了充分的准备，也想到了一些可能的突发状况。韩国人很喜欢玩香，所以，在他们那边行香，我既要展现出我们中国香文化的魅力，同时又要呈现出属于我自己的东西。

演出时，前面整个过程都很顺利，到了用印具的时候，我心头一惊，香席上没有，我确定我忘记带了。在整个篆香中，印具是非常重要的，如果是其他环节缺少某件工具，我们或许还可以通过一些手段来弥补。但是印具没有可替代的东西。没有印具，香粉怎么填？

那天演出的现场，除了有来自韩国的香文化爱好者，也有其他国家和地区的香文化爱好者，如果我这个时候问台下观众"谁有印具借我用一下"，是很不得体的，也会让他们觉得这个来自中国的女孩表演篆香居然没有带印具。

从我意识到没有带印具，到临场做出反应，没有间隔多久。我很自然地拿起香箸，然后在平整的香灰上轻轻地画了一幅"画"，香箸在香灰上画画会留下浅浅的凹槽，我再将香粉慢慢地填进凹槽之中。

现场有些观众注意到了这个细节，他们估计也会感到不可思议。原本无法进行下去的一场篆香活动，就这样被我轻轻松松化解了，而且效果更好。香炉里的印，不再是单调乏味的传统印花印文，而是一幅画。

这种意想不到的情况在行香行茶的过程中时有发生，有些是因为自己的疏忽，有些则是突发情况。同年，我参加韩国的茶博会，那场茶博会是在《大长今》的拍摄取景地举办的。现场是在户外，那天风很大，当时大风把我铺的香席全部吹起来了，杯子全部吹倒了。这种突发状况完全没有想到。很多人乱了方寸，现场手忙脚乱，一会儿要行茶，一会儿又要去整理香席。

而我随手拿起旁边的石头往席布上一压，整个动作很自然，也没有表现出一丝的慌乱。

随机应变是一种能力，甚至在某些时刻可以决定行茶、行香是否成功。这个世界，并不是事事如意，也并非一切都是彩排好的，总会伴随着意外。当意外情况来临，如果我们没办法去应变，一场意外情况就会让整个茶会、香会失败。

所以，我一直鼓励身边的女性朋友和我的学生，在学茶学香之余，不妨也学习舞蹈，尝试着自己编排舞蹈。编排舞蹈就是在锻炼自己的应变能力。

08 / 寻求本真

前些日子,在一位书法家的家里看到了一幅单字作品,作品为一个大大的"翫"字。这个字是"玩"的异体字,字意相近,但是又不等同。"翫"的左边是"习",指学习、钻研、训练。"翫"有钻研学习的意味,有探求的乐趣。王羲之说:"虽趣舍万殊,静躁不同,当其欣于所遇,暂得于己,快然自足,不知老之将至。"

这便是古代文人"翫"的精神追求。在"翫"的时候,时间是没有意义的,时间的流逝也是不自觉的。老翁可以"翫"得像个稚嫩的孩童。在追求某些事物的过程中,我们常常会让自己很辛苦,却忘记了如何让自己在这个过程中轻松愉快起来,甚至可以带着一点不羁的意味。无论是香还是茶,如果过多地囿于教条规则之中,那便失去了"翫"的乐趣,名利场上,不见"翫"的自在与逍遥。香、茶、书法、绘画、篆刻,"翫"在其中,不必那么沉重。

庄子说:"复命摇作而以天为师,人则从而命之也。"以天为师,追求自然本真,不扰乱本性,这才是生命的逍遥。

"瓺"所追求的正是生命的本真。庄子在《渔父》篇中通过渔父和孔子的对话说明了保持自然本真的重要。本真也是中国传统书法、绘画艺术的内核之一。举凡历代名家书画中的神品，无不是充盈着生命的本真之气。这是艺术家本真生命的外化，是艺术家借作品来表达本真的生命观。

　　作为茶人，本真可谓灵魂。日本茶人千利休推崇茶道应该回归朴素与本真的境界。这两点是千利休茶道思想的内在核心思想。为了追求朴素与本真，他弃用了源自中国的华丽的茶碗，而改用朝鲜人日常所用的陶碗，水桶采用普通民众常用的木桶，花器则用捕鱼用的鱼篓。这些形式上的改变，本质上是在凸显茶道精神中的朴素与本真。

　　今天很多人选茶器具会追求名家名窑，个人茶室也会打造得极尽奢华。在我看来，这些都是不重要的。很多时候，我们总是被物所累。一件拍卖会上花几十万、几百万甚至上亿拍下的茶盏，喝茶人又该如何面对和使用这茶盏？每天手捧着喝茶，总是小心翼翼的，生怕磕了碰了。有如此心性，喝茶的滋味自然也不会好到哪去。

　　"茶"字是一个伟大的创造，所谓"人生草木间"，草木是朴素的，是本真的，是自然的一部分，该是什么样就是什么样，生于草木间的人，站在大自然的维度去看，在本质上和草木是没有区别的。因为有了分别心，才有了高低贵贱。

　　茶人的本真，首先就是回到人最初的生命状态，那是天地日月阳光雨露所滋养的一个朴素的状态。只有真正地认同人的朴素状态，才能在寻茶路上明心见性。何为茶？一碗清水，也可以是茶，茶汤的本质就是水，不过是多了几片叶子的香气的水。茶的本真便是茶树上的一片叶子，是茶盏

中散发着茶叶香气的水。

某种意义上，本真不是寻求来的，本真是我们每个人骨子里原本就有的，是流淌在我们血液里的，是藏在我们记忆中的。可是，知识的摄取，眼界的开阔，让人有了分别心。因为有了分别心，人总是会去比较，去计较，甚至有的时候会锱铢必较。

停下来，独处，静坐，茶归茶，放下分别心，像个孩子一样，好好喝一杯茶，优雅自在地喝一杯茶。本真不难寻，难的是放下分别心。

第三章

看山不是山，看水不是水

行过万水千山，我们见过的山，看过的水，将在某一刻不再是最初的模样。因为此时的我们，有了自己的看法。人生在这一个阶段，将是一个学习与思考并行的阶段，在学习中思考，在思考中学习。

01 / 执着的精神

过去的十年，是我生命最美好的十年，从二十几岁到三十几岁，也是很多人一生中最美好的时光。很多人会在这十年的时间里，经历毕业、工作、恋爱、结婚，女人还会经历怀孕、生孩子这个阶段。人的一生中重要的事情没有多少，这十年的时间里，我们大多数人正经历着生命中最好的那几件事。

我离开幼儿教育的工作岗位之后，没有像大部分人那样继续求职找工作，而是一门心思地扎进了茶香之中，正式开始了步履不停的茶香教育工作。茶香教育，不仅是我的一份工作，更是我的生活，甚至是我生活中最为重要的那一部分。从我第一次在茶中感受到生命的美好开始，我就知道了我的人生方向。

当我们想要去做好一件事情的时候，特别是这件事情非一朝一夕可完成的，就要有很强的执着精神。任何的事情，只要日复一日地去学习、钻研，时间会给予我们最好的回馈。

从学习的角度来说，"台下十年功"是必不可少的。学习茶艺不仅需

要我们掌握泡茶的技巧，更需要我们去体会茶的精神内涵，去感悟茶与人、茶与自然的关系。这需要我们在长时间的实践中去修炼，去感悟。正如古人所说："学如逆水行舟，不进则退。"在学习茶的道路上，我们需要不断地去探索、去实践，才能更好地领悟到茶的奥妙。

过去十年的时间里，为了更好地认识茶和香，我走访了茶山，去了一些香产区，拜访了许多老茶人、老香人。为了了解茶器、香器，我也和很多做器具的手艺人进行过交流。为了更好地去演绎茶香的美，我学习了舞蹈，学习了音乐，学习了服装设计，虽然在许多领域谈不上专业，但是至少可以通过自己的学习去了解他们在茶香艺术上的应用以及表现。

中国茶香文化博大精深，茶香修习之路是无止境的。在古代，

不同时期的茶香文化各有侧重点。中国古代的茶香文化源远流长,表现出了鲜明的民族性、时代性、地区性和国际性。

以茶为例,从最早的神农时代开始,茶叶就被发现和应用。在唐代,随着茶的普及,出现了许多著名的茶人和茶书,如陆羽的《茶经》等,标志着中国茶文化达到了一个新阶段。宋代则兴起了点茶文化,崇尚品茗的意境和情趣。明代时期,炒青绿茶成为主流,泡茶方式也逐渐演变成功夫茶的形式。清代是各种茶文化并存的时代,不同地区的茶文化各具特色。中国的茶文化深深影响了各国的茶文化,如英国茶文化、日本茶文化、韩国茶文化等。总的来说,中国古代各个时期的茶文化都体现了其独特的审美观念和生活方式。

在宋代,茶文化经历了一次重要的变革。一方面,宫廷茶文化达到了极致的豪华,另一方面,市民茶文化呈现出趣味盎然的特点。然而,这一时期的茶文化逐渐走向繁琐和奢侈,失去了最初的清廉和高雅,同时也丧失了原有的内涵，逐渐在贵族阶层形成攀比和享受之风。

在这个背景下，宋代文人雅士开始推崇"平素有书伴，茶香入帘青"的生活方式，并积极参与茶文化的传播。他们频繁参与茶文化活动，使宋代的饮茶逐渐趋向艺术化。范仲淹、欧阳修、王安石、苏轼、陆游等文人都对茶道表现出了浓厚的兴趣。他们不仅推动了茶文化的发展，还通过诗词等形式传播了茶文化的精神内涵。

这只是中国茶文化的冰山一角。事实上，我们倾尽一生也无法真正吃透浩瀚的中国茶文化。而当代茶人，要想在如此庞大的文化系统中找到自己的一席之地，少不得执着精神。

寻茶之路，对我而言，是一个不断解惑，又不断迷惑的过程，迷惑而后解惑，随着认知的提升，又会产生新的疑惑，周而复始无止境。然而，每个人都有自己想要达到的目标。茶香，是我的终极探索目标。为了寻茶寻香，我会寻着茶香的足迹步履不停、孜孜以求。

这个过程远没有大多数人所想的美好，在这条路上，我们会遇到形形色色的人，以及我们认知以外的事物，甚至有些人和事会颠覆我们的认知。于是，我们会疑惑，会怀疑，会动摇。

但我始终坚信，茶香的美好，是超越了世俗世界的美好，在茶香的世界里，有一片净土。只要心中始终坚持这份信念，过程中的一切疑惑、怀疑、动摇，就都不复存在。执着地探求，步履不停。

02 / 专业情操

"泡茶有什么难的？"这是很多人对泡茶、喝茶的朴素认知。中国人对茶并不陌生，茶也是寻常老百姓日常生活中不可缺少的一部分。自打我记事起，茶就已经出现在我的生命中了。过去，亲友之间互相来访，主人家都会倒一杯茶。对很多人来说，泡茶、喝茶很朴实无华，一只搪瓷杯，或者玻璃杯，丢入一小撮茶叶，然后注入开水。一杯茶就这样泡好了。

在广大的农村地区，农民下地干活如果时间比较久，就会提前备好一大壶茶。一把大铁壶或者铝壶，丢入茶叶，倒入开水，满满一大壶茶就好了。喝起来也非常随意，嘴巴对着壶嘴就可以喝，若是人多，就会讲究些，至少会在壶口上倒挂一只杯子。需要的时候，将壶里的茶倒入杯中喝。

喝茶在中国人的生活中从来就不是什么稀罕事。所以，人们觉得"泡茶没什么难的。"泡茶不难，难的是泡一杯好茶。在过去，茶在生活中体现出的是饮品的单一功能。只要不难喝即可，这里最为关键的就是茶叶和水的比例的问题。主人家一般摸不清对方口味的，一般宜淡不宜浓。淡茶，谁都能喝，实在觉得没滋味也不打紧，当水喝也好。倘若是太浓了，对喝不了浓茶的人来说，就难以下咽了。

这就是最朴素的泡茶技巧了。而到了今天,茶不仅仅是饮品,更是一种文化,也是一种生活方式。茶文化的核心之一就是重视人的群体价值,倡导无私奉献,反对见利忘义和唯利是图。这种价值观主张人与人之间的和谐共处,有助于解决现代人的精神困惑,提高人的文化素质。

此外,茶文化也被视为应付人生挑战的益友。在面对社会竞争和压力时,参与茶文化活动可以使精神和身心得到放松,帮助人们更好地应对人生的挑战。同时,茶有益于人的身心健康和人际交往,还体现了中国人民对美好生活的向往和对健康的追求。中国茶文化中的"和敬怡真"的价值观,对今天共建生态文明、构建人类命运共同体有着重要的启示作用。

因此,今天我们要泡好一杯茶,需要专业的知识。

泡好一杯茶,看似简单,实则蕴含着丰富的专业知识。从选茶、水温、泡茶时间到品茗技巧,每一个环节都需要掌握一定的知识和技能。

1. 选茶

茶叶种类繁多，不同种类的茶叶具有不同的品质和口感。了解各种茶叶的特点，如绿茶、红茶、乌龙茶、普洱茶等，以及它们的产地、采摘季节、制作工艺等，有助于挑选出适合自己口味的茶叶。此外，茶叶的品质也会影响泡出的茶汤口感，因此选购时要注重茶叶的新鲜度和品质。

2. 水温

泡茶的水温对茶叶的香气、口感和营养成分的释放有着重要影响。一般来说，绿茶适合用80～90℃的水冲泡，红茶和乌龙茶适合用95～100℃的水，而普洱茶则需要用100℃以上的水。掌握合适的水温，可以使茶叶更好地释放出香气和味道。

3. 泡茶时间

泡茶时间的长短会影响茶汤的浓度和口感。一般来说，绿茶适合用较短的时间泡制，红茶和乌龙茶则需要较长的时间，而普洱茶则需要更长时间的浸泡。掌握适当的泡茶时间，可以使茶汤达到理想的口感。

4. 品茗技巧

品茗不仅仅是喝茶，更是一种生活态度和审美情趣。学会正确的品茗方法，如闻香、品味、观色等，可以更好地欣赏茶叶的美感和韵味。此外，品茗时还需要注意茶具的选择和搭配，以及茶席的布置和氛围营造，这些都有助于提升品茗的体验。

故此，泡好一杯茶需要掌握丰富的专业知识，这些知识不仅有助于泡出美味的茶汤，还能让人在品茗过程中感受到茶文化的魅力。因此，学习

泡茶知识,是每一个热爱茶文化的人不可或缺的修养。

　　研习茶文化这十年,喝茶早已成为了我日常生活中的一部分,无一日不饮茶。日常生活中饮茶,我可以"很不专业"地喝一杯茶,手头有什么器物就用什么,有什么茶就喝什么茶,不必说一定要做到器具齐全才能泡茶喝茶。那不是茶的精神。随意、自在、无拘束之外,我们也需要懂得茶的专业知识,以及如何泡好一杯茶的专业知识。特别是从事茶香文化教育工作,专业能力是必不可少的。

03 / 茶非茶，香非香

我们中国人对一些事物的看法特别有趣。以茶香来说，最初我们接触茶和香的时候，茶就是茶，香就是香。我们会关注茶的品种、冲泡讲究，我们会关注香的产区、香气特点。可是等到我们在茶和香中经历了一番之后，再看茶和香，茶已经不是茶，香已经不是香。茶可能是一种生活，香可能是一种精神。

当我们的眼睛冲破"物"的障碍，看到了"物"之外的事物，"物"的意义似乎也就不同寻常了。在我研习茶香十年后，如今茶给我的不再仅仅是一口茶汤的甘甜，香给我的也不再是一缕香气的幽雅。在我的世界里，茶非茶，香非香。

"茶非茶，香非香"这句话揭示了茶香文化和品茶品香的哲学。在东方文化中，特别是中国文化中，茶不仅仅是一种饮品，更是生活的艺术和修行。品茶时，人们不仅关注茶的口感，更多的是体会那种静心、自省的状态。香也不仅仅是一种可以散发出香气的物件。焚香时，人们不仅关注香气的特点，还会透过一缕香气去感受内心世界和外在世界之间的联系。

"茶非茶"意味着茶超越了其物质形态，成为一种精神象征。同样，"香非香"表示真正的好香并没有那种浓烈的香气，而是那种淡雅、自然的香气。这种香气是从植物自然生长过程中得来，不加任何人工干预。

"茶非茶，香非香"这句话会让人想到"看山不是山，看水不是水"。这句话出自宋代禅宗大师青原行思，他提出了人生的三重境界：

参禅之初，看山是山，看水是水；
禅有悟时，看山不是山，看水不是水；
禅中彻悟，看山还是山，看水还是水。

在修行之前，我们所见的事物是怎样就是怎样，事物是由自然形态、特性等决定的，不受人为意志所左右。当我们开始修行时，我们会发现事物的真实面貌与我们平常所认为的不同。因为修行，我们的意志开始和外在事物之间有了联系。当修行者开始修行时，他们会逐渐认识到事物的真相，即"看山不是山，看水不是水"。这意味着我们不再被表面的现象所迷惑，而是能够直接看到事物的本质。

当我们还未走进事物之中，我们只是一个"局外人"，站在局外人的角度"看山是山，看水是水"。山就是一座高耸入云的山，水就是从山之中蜿蜒而下的水。而当我们修行走进了山和水，会逐渐认识到山不仅仅是一座山峰，它还包括山脉、山谷、植被、花草，以及山中的动物等；水不仅仅是一条小溪，它还包括河流、湖泊、海洋，或是水中的水草、小鱼，以及在水边饮水的鸟儿等。因此，"看山不是山，看水不是水"意味着超越表面现象，直接体验事物的本质。

此外，"看山不是山，看水不是水"这句话还告诉我们要用心去感受世界。当我们用心去感受世界时，我们会发现世界比我们想象中更加丰富多彩。例如，当我们走在大街上时，如果只是匆匆忙忙地走过而不去注意周围的事物，就会错过很多美好的风景。如果我们用心去感受周围的事物，就会发现原来大街上也有那么多值得欣赏和感悟的东西。

茶非茶，一杯茶背后有它所生长的自然风光、采茶人手的温度、制茶人的期待，以及饮下这杯茶之人当时的心境。香非香，一炉香背后也有香料所依附的林木、土壤、阳光，以及品香人对美好生活的向往与渴望。

在中国人的生活情境中，茶和香有着更为特殊的价值和意义。这和诗词书画在传统文人生活中的意义一样，"托物言志"是中国文化艺术的一项重要内容。诗人写月，寄托着对亲人和故乡的思念。诗人写塞北大漠，实则表达内心孤寂的情绪。画家笔下的竹子梅花，暗指做人的气节。当苏东坡吟唱"一蓑烟雨任平生"的时候，烟雨又岂止是大自然的烟雨，更是人生中的烟雨。

茶和香，无论是在古代，还是在当代，早已成为饱含着不同文化以及不同人生命精神的载体。泡一壶好茶，可以是我们对生活的无限美好追求，唯有心底纯净，茶才是纯净的。一炉好香，可以涤荡尘世里的诸多烦恼。在一缕纯净香甜美好的香气中，精神是自由的，是不受肉体禁锢的。

　　茶非茶，香非香。当我们逐渐走进了茶和香的世界，我们所面对的人和事，似乎都可以在茶和香中觅得一个不同于"物"的模样。这番模样，其实是我们内心里最真实的期盼。

第四章

看山还是山，看水还是水

生命是一场修行，最后，我们会放下分别心，放下执念，看到的山，还是山，看到的水，还是水。回归到生命朴素的状态，不被事物所累。

01 / 生命中的陪伴

茶香教学中，我会严格要求学生在学习阶段，一定要规规矩矩地对待每一杯茶。选择什么样的茶，用什么样的水温，以及选择什么样的茶器，这是学习茶的初期都必须要严格对待的，马虎不得。

同时，我也会跟学生分享，当自己在泡茶能力上已经毋庸置疑的时候，则需要跳出所谓的规范。当然，我所说的跳出规范，不是不规范，而是在专业能力的基础上，融入属于自己的生活的影子。

茶香早已成为了我生命中最为重要的陪伴之一。当茶香不再是具体的物，而是有生命、有灵魂的存在，并且已经融入我们生命和生活之中的时候，我们与茶香之间便由"可望"而生"可游"。可望的是茶香，可游的也是茶香。可望，始终保持着一份距离，甚至是敬畏。有的时候，甚至会觉得茶香所承载的文化太过厚重，以至于作为普通人的我们总是觉得自己无法真正走进茶香的世界。

当我们进入"可游"阶段，茶香还是那茶香，只是我们对茶香的感受不同了。清晨，在一天工作开始之前，我可以不慌不忙地端起一盏茶，就着清晨的阳光和微风一饮而下。午后，忙完工作，为自己精心布置茶席，等待着申时的到来，好享受一个时辰轻松惬意的申时茶。在此期间，可以播放一首自己喜欢的音乐，读几页自己喜欢的书。日子可以这样简简单单。

朋友来了，"来，请坐，喝杯茶！"拜访朋友，"最近我在喝这款茶，还不错，给你也尝尝！"

喝茶，可以随时随地，不必太在乎规矩。行茶有行茶的规矩，喝茶有喝茶的自在。就如同书法和写字的关系，书法讲究法度，而写字则可以随心所欲。懂书法的人，写字也不再是写字。懂行茶的人，喝茶也不再是喝茶。

当茶成为了生命的陪伴。喜悦的时候，我会喝杯茶，每一口茶都是甜美的。烦闷的时候，我会喝杯茶，让清香的茶冲淡心中的苦闷。孤独的时候，我会喝杯茶，茶里的孤独，也有别样的美。

岁月匆匆，共度时光。茶是生活中的一种仪式感，见证了我们的成长与变迁。在忙碌的生活中，茶是我们的慰藉，在孤独的时刻，茶是我们的依靠。

晨曦微露晓，一盏绿茶醒，清香入肺腑，驱散疲惫情。茶的清香，如同清晨的阳光，温暖了我们的心灵，唤醒了沉睡的灵魂。午后阳光斜，一壶乌龙饮，品味人生味，悠然自得心。茶的甘甜，如同午后的阳光，给我们带来了片刻的宁静，让我们暂时忘却烦恼。夜幕降临时，品一杯红茶，暖胃又暖心，相伴到天明。茶的醇厚，如同夜晚的月光，给我们带来了温暖，让我们感受到了家的温馨。

茶香伴我行，共度风雨中，悲喜交织处，茶香解忧愁。茶的陪伴，如

同生命中的朋友，无论我们处在顺境还是逆境，都与我们共度。生命如茶水，苦涩与甘甜，陪伴最是长情，茶香永流传。茶的意义，不仅仅是一种饮品，更是一种情感的寄托，一种生命的陪伴。

　　因为有茶的存在，日子变得有趣了几分。时常会听到一些年轻的朋友抱怨"好无聊啊！"对我而言，我不曾有过这样的体会，因为只要有茶，我就可以享受和茶在一起的时光。这种感觉很奇妙，就像热恋中的两个人在一起的感觉，有时候，即便不曾言语，只需彼此安静地坐在一起，日子也是浪漫的。

02 / 茶香是挚友

关于独处，如今人们已经达成了一种普遍的共识——喜欢独处，爱上独处。这似乎是整个社会发展到今天所形成的一种必然。周围的人越来越多，可是能说话的人却越来越少。住得越来越拥挤，可是认识的人越来越少了。多数时候，我们在城市里生活了几年，连我们的邻居是谁都未必知道。每个人的生活都有一道看不见的屏障，我们不敢贸然走进别人的生活，别人也不会轻易走进我们的生活。

但人有社交需求，这是千万年进化而来的天性。当我们没有足够的时间去了解一个人的时候，最快捷的方式便是寻找彼此之间的默契点或者共同点。于是，喜欢玩摄影的人，就有了摄影圈子；喜欢玩手办的人，就形成了手办圈子；喜欢玩钢笔的人，就有了笔友会；喜欢阅读的人，默契地形成了读书会。

有人以笔为友，笔可写尽内心的少年愁；有人以镜头为友，镜头可拍尽心中的风景；有人以画为友，画可展现心中净土。而我，以茶香为挚友，茶香可解我心中忧，也可知我心中喜。

茶和香，总是静静地陪伴在我的身边。春天，茶香可伴我花下独品。夏天，莲塘池畔茶香入梦。秋天，清溪红叶茶香醉。冬天，围炉煮茶焚香时。四季的风景，四季的云。十二月的故事，十二月的风。在这场生命的际会中，茶香，已然成为了我生命中的挚友。他们不会说什么，只需倾听。他们也不会做什么，只是等待着人的到来。他们也不会泄露你的秘密，只是做那安静的听众。

　　茶香，仿若智者。他们从来不会以言语告诫你该如何，却总能在生命中的某个时刻，让人明心见性。我们的一生之中，总会有酸甜苦辣，或许经历过苦，方知甜。当我们正经历着痛苦的时候，需要适时地和带给我们痛苦的人与事做告别，一如壶中的茶，适时地出汤才能让茶的滋味处于最佳。沉沦其中，生命的颜色就会暗淡，茶汤的滋味就会愈发地浓苦。

茶香是挚友，茶香会对你坦诚相待，不会说谎或隐瞒事实。它会尊重你的感受，不会故意伤害你。一杯好茶，一缕好香，干干净净，醇厚洁净，它照顾着你的味觉、嗅觉，给你最真实的样子，也让你看见最真实的自己。

茶香是挚友，茶香会在你需要的时候站在你这边，为你提供支持和帮助。它会保守你的秘密，不会背叛你。你所有的秘密都可以融进一杯茶、一缕香之中，喝一杯茶、品一缕香，你的内心也会变得无比坚韧，所有的困苦，在那一刻，似乎都不值一提。

茶香是挚友，茶香会关心你的生活，关注你的需求。当你渴了，一口茶汤可解。当你烦了，一缕馨香可解。它会关心你的身体，让你的身体无时无刻不处于清明的状态。

茶香是挚友，茶香会给你带来正能量，帮助你看到生活中的美好。它会鼓励你追求梦想，支持你的决定。当你犹豫不决时，安静地坐下来，喝一杯茶，品一炉香，而后，你不再迷茫，不再犹豫。

我很庆幸，在我人生最美好、最灿烂的十年里，有茶香这位挚友相伴。因为有茶香这位挚友的陪伴，过去的十年里，我走得从容，走得自在，走得安心。下一个十年里，我期待着我与茶香这位挚友更多、更精彩的生命故事。

03 / 茶香无言

有人说，喜欢茶和香的人，都是喜欢独处的人。伴随独处而生的是孤独。"孤独"这个词，首先让我想到的是中国传统美学中的"落花无言"。在我的意识中，孤独的时候，即便我们的周遭是来来往往的人群，即便我们的耳际是喧闹熙攘，我们的内心世界却非常安静，安静到"无言"。

中国传统美学注重生命的体验与超越。而孤独，在我看来，是体验与超越的临界状态。像是无言的花，曾经有灿烂地盛开和被人瞩目的时刻，但是如今，当人群散去、雨打花瓣，此时此刻人们很容易感到孤独。花落之时，花开始了另一种美的体验，这种体验之后，"零落成泥"便是一种生命的超越。每个人心中都有一朵"落花"，它是无言的、孤独的。而中国传统美学里，无言之美，是一种大美。所以我想其实每个人在感受孤独的同时，是否也在体会着生命的大美？

谈生命的美学，从来绕不开死亡的话题。当我们在谈论生死的时候，内心常常会变得沉重、害怕、孤独。面对死亡，人总是无助的。即便是伟大的孔子在面对弟子询问关于生死的问题时，也只能回答"未知生，焉知死？"孔子主张先搞清楚生的智慧。

中国传统社会里人有三畏，第一便是"畏天命"，这里的天命，我们可以理解为生死自然规律，在尊重天命的前提下，孔子主张"朝闻道，夕死可矣"的生死观。黑格尔评价孔子的学说没有谈及生死超越，孔子不算一位哲学家，我想，或许黑格尔用西方的哲学思维不能真正领悟东方中国人的生死观。

面对未知的死亡，我们的孤独感也会跟着而来。我想，我们大可不必去排斥这种孤独，因为人在孤独的心境中才能感受到生的美好和精彩。如同孔子所说："未知生，焉知死？"

对茶人而言，孤独从来不是需要回避问题。茶人的孤独，似乎与生俱来。日本茶道思想中"和、敬、清、寂"的"寂"可以是平静、静寂，也可以是孤寂。"寂"是一种不被打扰的生命境界，在"寂"中，我们可以更好地思考生命，可以更好地理解茶与人的关系，也可以更好地理解生活的真谛。

我从来不逃避孤独，不躲避孤寂。在没有课程、没有演出的日子里，我可以独处一整天，唯有茶香伴我倾听晨钟暮鼓。外在的事物，多虚幻，唯有自己的内心是最为真实的。大多数时候，我们无暇顾及我们的内心，甚至把虚幻当作真实。只有当我安静地喝一杯茶、品一缕香的时候，才能清晰地洞见内心的真实。

茶香是无言的，但是，茶香却比任何人给予我的都多。纷纷扰扰的尘世，时常会让人觉得喧闹不已，无言的茶香，所呈现给我的，是一种极致的美。这份美，犹如一朵绽放在月夜的花。花未眠，陪我度过无数个孤独的时刻，并给予我力量，给予我信心。

无言，是充满力量的，胜似千言万语。

第五章

道术可求

有术无道，止于术；
有道无术，术尚可求也。

01 / 术是一切的基石

大收藏家王季迁老先生曾对中国绘画做过一个精妙的划分，他把有精神又有技巧的绘画作品称为神品，把有一定技巧但更多还是有精神的称为逸品，把只有技巧、没有精神的称为能品。王老先生的这种划分方式具有卓越的贡献，这让大部分人对中国绘画的认知有了一个基本的标准。

但是，无论如何，技巧能力仍旧贯穿中国绘画艺术的不同阶段。倘若连技巧能力都没有，那只能说还算不得"作品"。由此可见，技巧能力在传统绘画艺术中的重要性。技巧能力我们可以称之为"术"，"术"在几乎所有的艺术或者偏向创作型、表现性的艺术活动或者文化活动中，都有着极为重要的意义。

绘画如此，书法如此，音乐如此，篆刻如此，器具制作如此，行香、行茶亦如此。

教学中，我会非常严格地要求学生掌握好关于茶香之"术"。茶香之术，包含如何辨识茶香，如何挑选茶香，如何选择相应的器具，如何布置茶席、香席，如何拿茶碗、茶杯、香炉，如何冲泡，如何理灰，如何出汤，如何平灰，

如何分茶,如何埋炭,甚至如何坐。这些看似枯燥乏味的内容,确实枯燥乏味。但是,我们不能因为枯燥乏味而不去学习。

很多人对喝茶有一个误区,认为喝茶、品香没那么难,喝茶,投茶、注水、出汤,即可;品香,点燃即可。这当然是没问题的。就好比我们吃东西一样,一碗白米饭也可以吃饱,搭配清水煮白菜更好。可是,对美食有着热爱的人,对生活有着自己的要求的人,他们更愿意花一些时间和心思去烹饪出一桌色香味俱全的美食。还有一个生活中常见的现象,那就是人们对穿着的要求。在满足日常基本生活需求之后,人们会期待穿出自己的风格、气质。

对精神的追求,并非装腔作势,而是他们懂得如何取悦自己,也懂得如何让生活多一份美。行茶,可以很随意,像以前的人们那样,抓一小撮茶叶丢在玻璃杯中,注水即可饮。焚香,点燃即可。可我经常和学生讲,你优雅地善待身边的事物,身边的事物也会因为你的优雅而显得美好。

习茶、习香，一定要重视"术"。只有先遵守规矩并且在规矩中游刃有余，而后才能破规矩做到"道法自然"，随心所欲。

我见过一些茶人，他们的茶席总是凌乱不堪，茶桌上茶席上也时常可见滴落的茶水，甚至零食碎渣也满桌子都是；有些茶人连转个杯都不会，我不认为这样的人能泡一杯好茶。

行茶的"术"其实说起来特别简单，最核心的就是做到干净清爽，无论是动作的干净，还是席面的清爽，本质上都是强调"和、清、静、寂"的茶思想。席面干干净净，器物与器物之间，茶与器物之间，人与器物之间，人与茶之间，都井井有条、干干净净，这便是"和"。你不乱我，我不扰你。"清"，可以是清爽，可以是清洁，可以是清雅，这一切都离不开人、器、茶三者之间的规矩。"静"，实则也可以是心静，心足够静，你的动作也就是干净清爽的。"寂"，可以强调为一种不被干扰的状态。泡茶就泡茶，做好每一个环节，如何利用自己的手部动作自然优雅地参与到其中，如何清洗茶具，这些都是我们习茶的过程中需要掌握的，这些看似简单，要做到极致也并不简单，唯有日复一日的训练。

茶人和香人最终所追求的是茶香之外的东西，这便是"道"。有术无道止于术。每一位习茶和习香的人，都应该明了自己所追求的"道"是什么，又该如何去求得此"道"。"道"是目标，是方向，或许没有尽头，或许没有终点。问道不止，或许是茶人生命的常态。

但无论如何，在问道的过程中，我们仍旧要在"术"上面下足够的功夫。习术的过程，正是问道求道的过程。术在道中，因术问道，道不远人。

02 / 一通皆能百通

"一通皆能百通。"中国的文化艺术活动可以当作一个整体去对待，无论是茶还是香，又或者是书法、绘画、音律。在这点上，宋末元初的艺术家赵孟頫就提出了自己的主张。他在一幅名为《秀石疏林图》的作品中题写过一首诗：

石如飞白木如籀，写竹还于八法通。
若也有人能会此，须知书画本来同。

这首诗的核心思想就是中国书画史上的重要理论"书画同源"。中国绘画艺术发展到宋代，艺术家们开始很自觉地将诗词、书法等艺术形式融进绘画艺术之中。北宋徽宗皇帝更是将诗意与绘画的融合推向了高峰。赵孟頫的"书画同源"理论，强调书法的基本线条和绘画线条的关系。用今天的话说，学好书法对绘画大有裨益。

北宋大文豪苏轼，在中国文化艺术史上，并不侧重于"画家"的身份，但是，精通书法的苏轼也能"无师自通"地作画，并有一两件传世作品。如果我们去细看苏轼的绘画作品，就会发现其绘画作品中的书法线条。

在我的十年行茶生涯中，我发现一个特别有趣的现象。学习茶之前，我对很多美学范畴的东西并不是特别了解，甚至会觉得与我有很远的距离。学习了茶之后，我再去回望过去觉得遥远的事物，忽然发现，它们近在咫尺。

中国人的茶事并不是一项孤立的活动，而是会涉及焚香、插花、挂画等，于是，品茶、焚香、插花、挂画成为了古人口中的四般闲事或四般雅事。事实上，中国人的茶事除了香、花、画之外，还会涉及诗词经文、服装、器皿、宗教文化，以及空间环境设计等多种艺术形式。这在中国传世名画《西

园雅集》中有非常具体的表现。

从这点上看,中国人的茶事活动,应该是一项涵盖多种艺术门类的综合艺术活动。我们在学习茶的过程中,所学的是茶,也涉猎了茶之外的事物。

当下每年都有几场比较盛大的茶会。这些茶会无论是在内容上,还是在形式上,都早已跳出了纯粹"茶会"的概念。在一场茶会上,我们会听到传动的东方音律,会看到东方的舞蹈,会品到中式的香,甚至是看到传统的中国田园风景。我记得有一年在苏州的一场大型茶会上,有一位茶人就将空间打造成了乡野田园的感觉,空间里真实的稻谷,让人一时忘记了当时是在室内空间里。

我很庆幸在过去的十年时间里有茶相伴,因为茶,我对东方美学有了不一样的理解,这些独特的认知正是茶给我的视角。透过茶去看其他艺术形式,有一种独特的趣味。有时候,我们也不必过分地强调所谓的专业性,在茶人的世界里,一切为茶而存在。

对于跟随我学习茶的学生,我也希望她们从茶人开始,而后走出茶人的身份,以茶人的视角去了解和尝试其他的可能。多少年之后,当每个人在美的世界里游历一番之后,最后,又回到了"茶人"的身份中来。这是圆满。

03 道法皆自然

"道法自然"出自老子《道德经》第二十五章:"有物混成,先天地生。寂兮寥兮,独立而不改,周行而不殆,可以为天地母。吾不知其名,强字之曰道,强为之名曰大。大曰逝,逝曰远,远曰反。故道大,天大,地大,人亦大。域中有四大,而人居其一焉。人法地,地法天,天法道,道法自然。"

人的生存受制于"地"的运转,"地"就是人的生存空间,我们人在地上劳作、吃饭、行走,也在地上建立人类社会的运行制度和规则。没有了"地",人也就不复存在。而地的运行规律则遵循天的运行法则。天就是日月,日月的运行轨迹决定了地的四季变化。由此,人类的运行同样是被天所左右的。正所谓"天意难违"。看似最高准则的天,在老子的哲学思想里,则受制于道。此"道"即大道。

而"道法自然"中的"自然",则可以理解为本来的样子,是没有人为干预的状态。不强求,不可以,不造作,客观、无为、真实,即是"自然"。

"道法自然"主张人们应该顺应自然的规律,而不是试图去改变或控制自然。这一观念强调了人与自然之间的和谐关系,认为人类应该尊重自然、保护自然，从而实现人与自然的共同繁荣。

自然界有其固有的规律和秩序，人类应该顺应这些规律，而不是试图去改变它们。这包括在生活中遵循自然的节奏，如昼夜交替、四季更替等。道家主张"无为而治"，即通过不干预、不强求的方式来实现治理。这种治理方式强调顺应事物的自然发展，而非强行推动。在现代社会，这一理念可以引申为尊重个体的自由发展，避免过度干预和控制。"道法自然"认为，内心的平和与宁静是实现与自然和谐相处的关键。通过冥想、养生等方式保持内心的平静，有助于人们更好地适应自然的变化，从而减轻压力、提高生活质量。

人类依附于自然，故此，也应该珍惜自然，保护自然。万物皆有灵，不可毁伤。以人为的意志去改变、毁伤、破坏自然，是"逆天而行"。

在中国茶文化中，同样讲究"道法自然"。

中国人认为，茶为大自然的恩赐，是"南方之嘉木"，也是珍木灵芽。种茶、采茶、制茶的过程都要顺应大自然的规律才能生产出好茶。好茶的产生，离不开特定的土壤，以及气温、环境等因素，这是天地所左右的，是天地的准则。这也正体现了道家思想中的顺应自然的观念。

中国人的日常茶事活动，强调一切应以自然为美，以朴素为美。中国传统茶事中秉承的重要思想就是"自然"，万物皆可成为茶席的一部分。在这一点上，日本人深谙其道。千利休主张朴素的茶学思想，也是受到中国的茶文化的影响。在千利休的茶道运用中，他可以摒弃过去奢华的器物，而选择老百姓日常使用的器皿和物件。这种朴素之美，影响了后世很多的茶人。

"道法自然",而后懂得"返璞归真"。返璞归真其实很难做得到。人总有欲望,有比较心,有分别心。看到别人的茶席上有漂亮的茶器,自己也会渴望。看到别人的茶室很美,自己也会渴望。在学茶、喝茶的最初几年,每位茶人似乎都会经历这样的阶段。我很难去教会我的学生放弃这些追求,因为我也曾经有过这些欲望。这并不是一件坏事,至少只有经历过这些过程之后,方才能有返璞归真。没有"璞"可"返",何来"真"可"归"?

到今天,喝茶对我来说,不再是一件多么繁琐的事,也不是一件需要刻意去做的事。喝茶的时候,也并不会有规则束缚我。所有的茶,只要是干净卫生的茶,我都觉得是好茶。至于用什么器物,喝什么茶,如何喝,在哪喝,从来都是一件自然而然的事,是一件不需要思索的事。

在学习茶的过程中,只有理解何为道法自然,理解何为自然,茶的真面目才会展示在我们面前。中国茶文化博大精深,其根本原因就在于,茶不单单是一杯可供饮用的茶,而是"人生草木间"的茶。人,既生草木间,也是天地宇宙的一部分,既是天地宇宙的一部分,又如何能违背天地大道,又如何能不顺其自然?

04
服饰和人的关系

这个世界很奇妙，真实又虚幻。传统教育教我们不要"以貌取人"，也告诫我们"人不可貌相"，可也有人告诉我们"人靠衣装，佛靠金装"。有研究发现，第一印象，55% 是由服饰决定的，38% 是由行为语言决定的，只有 7% 是由说话的内容决定的。

服饰的发展史，也是一部人类文明的变迁史，同时也是一个时代的审美史。

唐朝作为中国古代最为鼎盛的王朝之一，其在政治、经济、文化等领域都得到了高度的发展。唐朝的服饰形制典型特点是开放和华丽。唐朝时期的特色服装为袒装，主要分为两类：透装和袒胸装。透装是因为面料极其轻薄而显得透明；袒胸装则是由传统的襦裙演变而来，胸前的设计大胆而引人注目。

到了宋朝，由于工艺上的进一步发展，宋朝的服饰更加注重细节和精致的手工艺。女子的服饰以清新、淡雅为主，强调自然和谐之美。

元朝的服饰受到了蒙古族传统服饰的影响。男子的服饰以窄袖为主，腰间系有宽大的腰带。女子则多穿着袍子和裙子。

明朝时期，汉族的传统服饰制度得以恢复。男子的服饰以袍衫为主，头戴乌纱帽。女子则多穿着襦裙和褙子。

清朝时期的服饰，融合了满族特色的服饰文化。男子的服饰以长袍马褂为主，头戴暖帽或凉帽。女子则多穿着旗袍和盘头。

20 世纪初期，复古长衫、旗袍、西装、五四青年装，成为那个时期人们着装的审美标杆。他们分别对应着不同的人群。多样化是那一时期的服装特征。

中华人民共和国成立之后，一度流行军工装之美，蓝灰黑也是那一时期的主流服装颜色。中山装、列宁装、军装、工人装，则是那个时代的主流审美。

改革开放前后，随着港片进入内地，港风着装逐渐在大街上流行起来，风衣、鸭舌帽、墨镜、喇叭裤、学生裙、毛领衫，成为那个时代年轻人的审美。

2000年之后，西方的服饰风潮逐渐影响着人们的着装，特别是80、90后在着装上开始大胆追求，色彩上鲜艳起来，风格也更为张扬。运动风的着装成为那一时期男孩女孩们的追求。一大批国外服饰品牌也进入中国，让中国老百姓在服饰上有了更多样化的选择。

今天，人们在服饰上的追求呈现出更为多样的面貌。这是一个穿衣自由的时代，也是一个服饰文化多样化的时代。大街小巷，无论是一线城市，还是四、五线城镇，我们既可以看到代表着欧美时尚的西式服饰，也可以看到代表着东方审美的民族服饰。

虽然今天服饰的材质更为多样化，但不可否认的是，服饰从古至今并没有改变其本质。在远古时期，人类的服饰直接取材于自然界的树叶兽皮等材料，点缀其上的，多为石头、贝壳等。这是最基础的"服饰"。而到了今天，服饰从本质上说，没有发生改变，一则防寒保暖、保护重要隐私部位，二则追求个性化的审美表达，三则通过服饰延伸自己的想法。而不同的时代，通过服饰所反映出来的正是一个时代的文化以及审美，甚至通过服饰也可以看出当时的经济状态。

服饰不仅反映出了一个时代的经济、文化等状态，对个人而言，服饰也能够反映出人的状态。思想开放且乐于表达自己的人，会通过不同风格的服饰来展现自己不同的一面。职场风、生活风、运动风等，不同的风格，所呈现的是人在不同的场景下的生命状态。

保守主义者，在服饰的选择上，会更为谨慎和保守，往往不大会考虑款式新颖的服饰，也不大接受色彩上更为张扬的服饰。

但是在某些时候，无论是保守派还是开放派，他们的选择并不是单一的。前面讲到，服饰可以延伸人的想法。如果我们将服饰当作艺术品，或者一种创作活动去看待，便能更好理解。

茶人的穿着在近些年引领了一股风尚。复古风，休闲风，轻奢风，陆续登场。茶人的服饰，讲究自然、舒适，在文化上，追求传统文化的再现，因此，当下茶人的服饰，会偏向于宋代和明代风格。

我平日的穿着，首先追求的是能够呈现出我当下最好的状态。服装、饰品，都应该是为我这个人服务的，如果服饰不能展现我的状态，甚至会影响我的状态，那就是不适合自己的。其次，我更倾向于棉麻、真丝等材质的服装，以及天然玉石或者沉香类的饰品。我觉得这些材质、材料，是柔软的，是温暖的，是有生命的。当把它们穿戴在我的身上的时候，我和它们是能够产生生命冥合的。

总的说来，茶人和服饰的关系，应该是相互影响的。人通过服饰来呈现自己最好的状态，服饰因为人而散发出美的光芒。

05 / 环境，器物，人

每一位喜欢茶和香的人，都希望有一个属于自己的茶香空间。从事茶香教育工作十年来，我走访过很多茶人的茶空间，这些茶空间，或奢华气派，或典雅朴素，或自然简淡，或现代轻奢。不同的茶空间，背后也体现着不同人的审美。人在不同的茶空间中，也会有着不同的感受。

我们到底需要什么样的茶香空间？这是我很多年前就开始思索的一个问题。在打造我的个人茶香空间的过程中，我始终在思考一个问题，什么样的空间才是我想要的空间？这个问题的答案并不好求得。

人在不同的成长阶段，所追求的东西也是不一样的，空间亦如此。最初接触茶的时候，就单纯地希望有朝一日可以拥有一个属于自己喝茶的空间。那个时候，对茶空间的幻想大多源于所见到的别人的空间。宽敞的空间里，博古架上琳琅满目的茶器具，红木的大茶桌，再点缀以花草兰竹。

再后来，当自己和茶有了更多的缘分，对茶的理解也有了不同，由此我对空间的理解也有所不同了。以前，我会买许多自己喜欢的器具放在空间里，恨不得让空间的每个角落都有自己喜欢的器物。今天的我，更加在意自己是否充盈，而非空间是否充盈。

刘禹锡的《陋室铭》或许能给我们以启发。"斯是陋室，惟吾德馨。"人永远是最重要的，只有人丰沛充盈，空间才有温度，只有人谦和温暖，器物才有灵魂。

我看过许多装饰昂贵的茶空间，这些空间的设计费动辄几十万甚至几百万。在这样的空间里，可能一幅墙上的字画就要几十万，还有诸多名家的器具。茶空间的主人也乐于分享这些价值连城字画器物。这样的空间我也觉得很好，但是，总觉得少了点什么，也不是我想要的空间。

少了什么？少了"人"。在我的空间里，我会挂上朋友的字画，我也会摆上朋友做的器物，花草也是随缘而得。这些无法用金钱去估量价值。朋好的字画，有的可能也很贵，有的或许仅仅是一顿饭钱。器物也如此。

每个人都有一个属于自己的与众不同的空间。并不是所有人都能拥有几十万、上百万的字画，那么，朋友随手而作的字画是否也可以？并不是所有人都买得起几万、十几万的紫砂壶，那么，闲逛市集时偶遇年轻手艺人制作的几百元的器物是否也可以？当然可以。每个人的身边都有那么几个会写字作画的朋友，也有一些需要我们去支持的年轻手艺人。

环境可以塑造人，人也可以改变环境。器物折射出来的是人的审美和对生活的态度。由此看来，环境、器物、人，是相互依存的关系。器物是环境的一部分，环境因为器物而有故事，而人为环境、器物注入灵魂。

一杯茶,一段情。
在茶的世界里,
我们不仅品味到了香醇的味道,
还感受到了悠久的历史和传统文化。
中国是茶的故乡,因为有了茶,
中国人的精神世界里多了一份滋润;
因为有了茶,中国文化多了一份清雅。

第六章

漫谈中国传统茶文化

01 / 研习中国传统茶文化

中国是最早发现和利用茶树的国家，茶树的核心原产地就在中国。作为中国人，作为一名热爱茶文化的中国人，我为此感到自豪。

中国是产茶大国，云贵川等地是重要的古老的茶树产区，除了这几个地方之外，其实在中国的其他地区同样盛产茶。福建、湖南、湖北、浙江、江西、安徽、河南等地，都有其代表性的茶品种。同时，中国也是饮茶大国，自古以来，饮茶文化就嵌入到了中国人的日常生活之中。在古代，不仅文人士大夫喝茶，市井百姓也喝茶。中国，不仅产茶、喝茶，也把这一片叶子的故事，通过各种艺术形式生动地展现在了世界各国面前。

茶树的起源在哪里？关于茶树的起源最早要追溯到《神农本草经》，里面有一段文字记载说："神龙尝百草，日遇七十二毒，得荼而解之。"在神话体系中，神农是我们的祖先，他有一个水晶的大肚子，他吃什么东西，肚子里面都会有反应，而且他也很懂药草。有一天他在试吃各种草药时中毒了。他就去寻找解毒的草药，那么他发现了什么？发现了荼草。

"荼草"的"荼"字比"茶"多了一横。最早我们的茶它并不是我们现在所看到的茶,它是我们神农本草经里讲的"日遇七十二毒,得茶解之"的"茶"字。神农中毒以后,就找到了茶叶,他通过咀嚼生吃,发现茶叶有解毒的作用。

我们的饮茶历史有四个阶段。最初的阶段就是生吃药用阶段。到了隋唐时期,很多的人开始饮茶,也有了茶馆,出现了唐代的煎茶,我们把它称之为烹煮饮用,这是第二阶段。

唐代,中国的花、香、茶、书等文化活动非常盛行。由于唐朝是当时世界上国力最为强盛的国家之一,由此也深刻影响了周围的许多国家,包括日本。今天日本的茶道、香道、花道、书道,都是由中国传过去,并发展出具有日本风格的艺术活动形式。由于唐代茶文化的盛行,出现了《茶经》这部伟大的作品。《茶经》的作者是陆羽,陆羽也被称为茶圣。

宋代出现了点茶。宋代茶文化的发展非常兴盛,特别是在文人的倡导和践行之下,茶文化在整个社会层面都得到了繁荣发展。即便在今天,点茶仍旧非常流行。相比煎茶,点茶的互动性更好,诗、书、画和茶的交融,让茶文化有了更多的艺术美感。宋徽宗写了一部茶学著作叫做《大观茶论》。

到了明清,茶文化的发展仍旧非常兴盛。明清流行泡茶,冲泡饮用更加便捷,在社会层面的传播自然也更加流畅。

到现在,我们还一直延续着明清的泡茶方式,包括我们用到的一些器皿,像青花盖碗、青花的杯子等。

从唐代的煎茶，宋代的点茶，明清的泡茶，到现在我们喝茶的方式已经有了很多不一样的变化，现代有调饮、罐装茶、冷泡茶等，这些都是文化的时代变迁。茶，随着时代的变迁，同样也会衍生出适合当下人的生活方式。

中国的茶文化活动的最高原则是什么？其实就是以茶道精神为核心。那么什么是茶道精神？其实就是以儒释道的文化为载体，是物质与精神财富的一个总和。

我们需要通过沏茶的方式去感受禅境、禅意以及精神层面的东西，最终其实还是基于儒释道精神，通过茶这个载体，让我们慢慢地去感受。为

什么很多人说喝茶让我们静心，喝茶让我们变得不浮躁，就是因为有这种精神层面的熏陶。

在学茶的过程中，我们一定要清楚这点，不是说我们掌握沏茶的技艺就可以了，还要带着茶道精神、儒释道的思想去泡茶，泡出来的茶就会不一样。

02 / 茶艺研习

从我接触茶开始,我便走在了茶艺研习的路上。十年的时间里,我看过很多人的茶艺,有老一辈茶人的茶艺,也有年轻一代茶人的茶艺。无论是谁,每个人对茶其实是有着不同理解的。正因为茶人对茶的不同理解,才有了茶人在生活中、在舞台上呈现出来的不同茶艺美学。

学习茶艺,首先我们要对茶艺有一个正确的认识。很多人对茶艺持有片面的理解,甚至很多老茶人、老茶客,会觉得茶艺是小姑娘们在舞台上表演的把戏。我曾经也和一些朋友探讨过这个问题。就目前来说,的确很多时候我们所接触到的茶艺就是舞台上的具有表演性质的舞台艺术。很多人会把茶艺等同于舞台艺术。

其实,舞台上的茶表演,只是茶艺中的一部分,甚至是很小的一部分。我们首先要对茶艺有一个基本的宏观认识。茶艺一般表现为三种形态。第一种是以喝一杯好茶为目标,追求精神的愉悦,这是生活性茶艺。第二种是经营性的表演,这种在今天依旧常见于四川等地的茶馆,也可称之为经营性茶艺。第三种是舞台表演性的茶艺,或可称之为表演性茶艺。这也是我们今天很多人对茶艺的固化印象。早在唐宋时期,包括陆羽等人就已经有了关于茶艺的表达。陆羽甚至可以说是表演性茶艺的先驱者。

一些生产生活活动但凡上升到"艺"的层面，便有了诸多的可能，这也是中国先民的伟大创造。回到茶艺，茶不仅是生活饮品，也可以成为彰显茶人个性的一项重要活动，同时也能够很好地体现出中国文化下的独有审美情趣，依旧能实现"以茶观道""以茶说法"的哲学层面的思考。比如，人们借茶叶的沉浮来看待生命的沉浮，也会借茶叶在热水中的舒展来看待生命的盛放。这些都是需要人们抛开具象的事物，去理解事物超越现实意义上的表达。

之所以当下很多人对茶艺有偏见，根本原因在于，我们所看到的舞台上的茶艺缺乏思考性的表达，大多陷入了窠臼之中。用书画语言来说，就是程式化。书画技法以及主题的表达都有一个发展历程，当一种新的技法以及主题出现的时候，大家都会觉得很新鲜，但是，倘若在此后的很长一段时间里，画家们仍旧沿袭这种技法以及表达这个主题，就会陷入程式化，在某些语境下，就会俗气。

舞台茶艺同样如此。因此，在很早之前，我就在想，是否可以将一些有特点的东西融入茶艺之中？于是，便有了我的"茶香舞"。

"茶香舞"从本质上说，就是将传统的一些元素进行解构和重构，以期让人耳目一新，同时又能呈现出符合当下人审美标准的一套表达方式。

茶艺的研习，是一个不断理解和不断创造的过程，绝不是跟着一位老师学几堂课就能"出师"的。在我的课堂上，我会尽可能地要求我的学生多思考生活中的美，多体验不同的生活可能，看不同的生命风景，因为这些都可以最后融入茶艺之中。这样的茶艺，是生的，不是死的，是有趣的，不是呆板的，也是个性化的，不是程式化的。

03 / 六大茶类

学习茶知识，绕不开"六大茶类"这一概念。通行的说法是中国茶分为红茶、绿茶、黑茶、青茶、白茶、黄茶等六大类。事实上，这六大茶类并不囊括所有的茶，比如茉莉花茶以及近些年呼吁单列为第七类茶的普洱茶就不在其中。

"六大茶类"这一概念并非古已有之，而是近现代的产物。早些年，中国茶类品种繁多，涉及不同的工艺、制作方法，为了更好地统一人们对茶的基础认知，也为了更好地拓展茶业市场，于是便有了"六大茶类"的说法。陈椽教授曾在其编纂的《茶业通史》中最早提出这一概念："茶叶分类应该以制茶方法为基础。从这种茶类演变到那种茶类，制法逐渐革新、变化，茶叶品质也不断变化，因而产生许多品质不同，但却相近的茶类。由量变到质变，到了一定时候，就成为一种新茶类。"

通俗地来讲，六大茶类的划分是依据发酵程度来确定的，分为不发酵（绿茶）、微发酵（白茶、黄茶）、半发酵（青茶）、全发酵（红茶）、后发酵（黑茶）。下面就简单谈谈六大茶类。

绿茶

绿茶是六大茶类中起源最早的，据说已有 3000 多年的历史，但真正有史料可考且成型是在 8 世纪的盛唐时期。

茶圣陆羽在《茶经·三之造》一书中所说的"采之、蒸之、捣之、焙之、穿之、封之、茶之干矣。"讲述的就是唐朝时期的蒸青饼茶，也就是说，这一时期的绿茶工艺已经成型。在唐宋时期，蒸青饼茶在很长一段时间都是主流，但蒸青散茶和炒青绿茶也有所发展。到了元代，炒青茶逐渐增多。而到了明代，炒青绿茶盛行，并且，这一时期精细的炒青工艺一直沿袭至今。

绿茶是我国茶产量最多的茶，产地几乎遍布全国，主要以黄河以南为主。其工艺特点是鲜叶采摘后迅速高温杀灭酶类物质，抑制茶多酚的氧化。绿茶富含叶绿素、维生素 C，茶性偏寒凉。绿茶的代表品种包括西湖龙井、碧螺春、黄山毛峰等。

白茶

白茶的名字最早出现在唐朝陆羽的《茶经·七之事》中，其记载到："永嘉县东三百里有白茶山。"但它并非今天我们所说的白茶。今天我们所谈论的白茶约起源于明代中期（1435—1572）。明代田艺蘅在《煮泉小品》中记载到："茶者以火作者为次，生晒者为上，亦近自然……清翠鲜明，尤为可爱"。到了清嘉庆年间，其工艺不断得到发展，咸丰年间（1851—1861）得以正式形成。

在西安古墓中发现的千年白茶，经过专家考证，认为是产自福建福鼎的白茶——白毫银针，这不仅证明了中国白茶文化历史悠久，也印证了"世界白茶在中国，中国白茶在福鼎"的说法。

白茶的制作工艺独特，主要分为采摘、萎凋、干燥三个步骤。其中，采摘是决定白茶品质的关键因素之一。福鼎白茶的采摘以春茶为主，一般在清明节前后进行。采摘时要选择嫩芽和两片嫩叶，以保证茶叶的品质。

萎凋是白茶制作过程中的重要环节，也是白茶与其他茶类最大的区别之一。在萎凋过程中，茶叶中的水分逐渐蒸发，叶片变得柔软，便于后续

的加工。萎凋的方式有自然萎凋和人工萎凋两种，其中自然萎凋被认为是最好的方式，因为它能够更好地保留茶叶的原始风味。

　　干燥是白茶制作的最后一步，也是保证茶叶品质的关键。干燥的方法有晒干和烘干两种，其中晒干被认为是最好的方式，因为它能够更好地保留茶叶的天然香气和营养成分。然而，由于天气条件的限制，现代白茶生产中多采用烘干的方式。

　　总的来说，白茶是一种非常特殊的茶类，它的制作工艺独特，口感清新，营养价值高。随着人们对健康饮食的重视程度不断提高，白茶的市场前景十分广阔。

黄茶

黄茶是中国六大茶类之一，产地多源，品类丰富，品质各异，属于地域性特色产品。黄茶的制作工艺与绿茶相似，但多了一道焖黄的工序，使得茶叶在杀青基础上有所发酵，黄茶的叶和汤也得以转变成了黄色，这便是为何人们惯于形容黄茶为黄汤黄叶。黄茶呈现黄汤黄叶，较之绿茶滋味更为醇和，并具有特殊的黄茶香气；味道上又不似黑茶等那么厚重，总体给人一种"少年老成"的感觉。黄茶具有较为明显的促消化等保健功效。

黄茶历史悠久，早在唐代就有了黄茶的制作方法。据史书记载，当时的黄茶主要产于湖南、湖北、四川等地，尤以湖南岳阳的君山银针最为著名。君山银针色泽翠绿，叶形如针，汤色黄亮，香气清雅，滋味醇厚，被誉为"茶中之王"。

黄茶的种类繁多，除了君山银针外，还有湖南的洞庭碧螺春、四川的蒙顶黄芽、安徽的黄山毛峰等。这些黄茶各具特色，有的香气浓郁，有的滋味醇和，有的口感鲜爽，各有千秋。

黄茶的制作工艺独特，主要分为采摘、萎凋、杀青、揉捻、焖黄、烘

干等步骤。其中，焖黄是黄茶独有的一道工序，也是决定黄茶品质的关键。焖黄过程中，茶叶在湿热的环境中进行轻微的发酵，使得茶叶中的多酚类物质发生氧化还原反应，生成黄色的物质，从而使茶叶呈现出黄色。

黄茶的品质受到原料、气候、工艺等多种因素的影响。优质的黄茶要求原料嫩度适中，叶片完整，色泽鲜绿；气候适宜，湿度适中，有利于茶叶的发酵；工艺精湛，焖黄时间恰到好处，既能保证茶叶的品质，又能保留茶叶的营养成分。

黄茶具有很好的保健功效，尤其对消化系统有很好的调节作用。黄茶中的茶多酚、氨基酸、维生素等成分有助于促进胃肠蠕动，增强消化功能，对消化不良、食欲不振等症状有一定的缓解作用。此外，黄茶还具有抗氧化、抗衰老、降血压、降血脂等多种保健作用。

青茶

　　青茶，也被称为乌龙茶，是中国的主要茶类之一，属于半发酵茶。它融合了红茶和绿茶的工艺，既具有绿茶的清香，又有红茶的浓郁。茶叶冲泡后，叶片中间呈绿色，边缘有明显的红边，因此有"绿叶红镶边"的美称。

　　青茶的制作工艺独特且复杂。首先，采摘是决定青茶品质的关键因素之一。青茶虽然可以在四季中采摘，但每个季节的茶叶品质都有所不同，其中春茶的品质最佳。采摘时应选择新梢长到 3～5 叶将成熟，顶叶六七成开面时采下 2～4 叶，俗称"开面采"，夏暑茶适当嫩采，采摘一芽三四叶。

　　接下来是萎凋过程，也被称为晾青或晒青。萎凋的目的在于使鲜叶适度失水，促进酶的活化。这一过程不仅有助于提高叶子的韧性，便于后续工序进行，而且伴随着失水过程，酶的活性增强，散发部分青草气，利于香气透露。

　　随后的过程是摇青，即将萎凋好的茶青在摇青机中晃动摩擦，擦破叶缘细胞，从而促进酶的氧化作用，使鲜叶发生一系列生物化学反应。这个过程需要反复几次，直到达到理想的效果。

接着是杀青和揉捻两个步骤。杀青的目的是停止酶的活性，固定茶叶的形状。揉捻则是将茶叶揉捻成条形，使其形状更加美观。最后一步是干燥，以消除茶叶中的水分，防止茶叶发霉。

青茶的一个重要分支是武夷岩茶，武夷岩茶近些年颇受茶友好评。然而品质最佳的武夷正岩价格高昂且产量极少。

红茶

红茶，起源于中国福建省，据考古学家研究发现，早在宋代时期（960—1279）就有人开始制作并饮用红茶。当时称之为"沱茗"，即将采摘下来的新鲜叶子晾晒后烘焙而成。然而，真正的红茶是在明末清初，在绿茶的基础上制作成的。是以适宜的茶树新牙叶为原料，经萎凋、揉捻（切）、发酵、干燥等一系列工艺过程精制而成的茶。

红茶的颜色来自茶叶发酵后产生的色素，因此新茶叶呈现绿色，而经过发酵后则呈现出红色。红茶的香气和口感也因产地、品种、工艺等因素而异。一些著名的红茶品种包括祁门红茶、正山小种、金骏眉等。

除了中国，红茶也在世界范围内受到广泛的喜爱和推崇。在英国，下午茶常常搭配着一杯红茶，成了一种文化传统。在印度，红茶被称为"马萨拉奶茶"，常与香料如肉桂、丁香等一起冲泡，味道独特。在斯里兰卡，红茶是当地的主要出口产品之一，被誉为"锡兰红茶"。

红茶也具有一定的保健功效。研究表明，红茶中的茶多酚和儿茶素等成分具有抗氧化、抗炎、降脂等多种作用。因此，适量饮用红茶可以帮助预防心血管疾病、降低胆固醇水平、提高免疫力等。

黑茶

　　黑茶，作为中国六大基本茶类之一，是一种后发酵茶。其特点是经过微生物的参与和氧化作用，使茶叶中的化学成分发生变化，呈现出深红色或褐色。这种独特的微生物发酵过程使得黑茶具有了独特的香气和口感。

　　黑茶的历史可以追溯到唐宋时期，据史书记载，唐宋时湖南、四川等地已有黑茶生产。到了明清时期，黑茶逐渐发展成为一种贡品。安化地区的黑茶制作历史悠久，早在唐代便有"渠江薄片，其色如铁"的记载，距今有千余年的历史。

　　按照产区的不同和工艺上的差别，黑茶主要可以分为湖南黑茶、湖北老青茶、四川雅安藏茶和滇桂黑茶。其中，湖南黑茶的代表品种是普洱茶；湖北老青茶的代表品种是青砖茶；四川雅安藏茶的代表品种是康砖茶；滇桂黑茶的代表品种是六堡茶。

　　总的来说，黑茶不仅是一种饮品，更是一种文化象征。它见证了中国几千年的饮茶历史和文化发展，体现了中国人对生活品质的追求和热爱。中国的六大茶类并不包含所有的茶，有些茶并不属于六大茶类，可见中国茶品种之丰富，物产之博大。

04 / 茶之用

茶在中国人的生活中占据着重要的地位。过去，无论是王公贵族，还是市井小民，又或是乡野村夫，喝茶都是少不了的。喝茶，最实际的功能就是解渴。茶水里的香气，让饮茶之人在解渴的同时，又能享受到香气带给人的愉悦感。

唐代陆羽在《茶经》中提到，饮茶能够"悦志"，即让人心旷神怡；五代时期蜀人毛文锡在《茶谱》中称茶能"益思"，即帮助思考；元代忽思慧在《饮膳正要》中称茶能"清心寡欲"。

《唐本草》中也提到，茗（即茶）味甘苦，微寒无毒，主瘘疮，利小便，去痰热。这表示在古代，人们就已经发现茶具有清热解毒、利水消肿的作用。在《神农本草经》中有记载，茶能够"主渴"，即止渴生津；"利小便"，即利尿消肿；"去痰热"，即清热解毒。这些记载表明，在古代，人们就已经认识到茶具有多种药用价值。

在宋代，茶文化得到了空前的发展。宋徽宗赵佶在《大观茶论》中对茶的功用进行了更为详细的描述。他认为饮茶能够"清心寡欲"，即帮助人们保持内心的平静；"祛瘴气"，即驱除瘴气；"解酒毒"，即解酒解毒；"消食下气"，即帮助消化和顺气。

明代李时珍的《本草纲目》也对茶的药用价值进行了总结。书中称茶能够"清热降火"，即清热解毒；"利水消肿"，即利尿消肿；"止渴生津"，即止渴生津；"消食下气"，即帮助消化和顺气。

在清代，茶叶的药用价值得到了更为广泛的认识。乾隆皇帝曾亲自撰写《御茶图》，对茶的功用进行了详细的描述。他认为饮茶能够"清心明目"，即帮助人们保持清晰的思维和明亮的视力；"祛风除湿"，即驱除风湿和湿气；"解酒毒"，即解酒解毒；"消食下气"，即帮助消化和顺气。

总之，古籍中对茶的功用有很多记载。从唐代到明代，人们对茶的认识不断深入，发现茶不仅能够提神醒脑、助消化、利尿消肿等，还具有清热解毒、驱瘴解毒等多种药用价值。这些记载为我们今天的茶叶研究提供了宝贵的历史资料。

近代以来，随着科学技术的发展，人们对茶叶的研究更加深入。现代医学研究表明，茶叶中含有丰富的生物活性物质，如茶多酚、咖啡碱、氨基酸等，这些生物活性物质对人体健康具有重要的保健作用，具有抗氧化、抗炎、抗菌、抗病毒等功效。

例如，茶多酚具有很强的抗氧化作用，可以清除体内的自由基，延缓衰老进程；咖啡碱具有提神醒脑的作用，可以提高工作和学习效率；氨基酸是人体必需的营养物质，对维持生命活动具有重要作用。此外，茶叶还具有降低血压、降低血脂、预防心血管疾病等多种药用价值。

从古至今，人们对茶的药用价值的认识在不断深入。茶叶不仅是一种美味的饮品，更是一种具有多种药用价值的保健品。随着科学技术的发展，我们对茶叶的研究将更加深入，茶叶将为人类的健康事业做出更大的贡献。

05 / 茶疗研习

茶疗，又称茶道疗法或茶文化疗法，是一种以茶叶为主要手段，结合中医、养生、禅修等传统文化，通过饮茶、泡茶、品茶等方式来调节身心健康的一种自然疗法。茶疗起源于中国，有着几千年的历史，是中华民族传统文化的重要组成部分。

茶疗的主要原理是通过茶叶中的多种有效成分，如茶多酚、茶氨酸、儿茶素等，对人体产生生理和心理的调节作用。这些成分具有抗氧化、抗炎、抗菌、抗病毒、抗肿瘤等作用，能够促进身体健康。

茶疗包含多个维度，每一个维度，都是对我们身体和心性的一次疗愈。对当代人而言，所面临的压力是前所未有的，所面临的困惑也是前所未有的。而茶则给了我们内省外观的契机。

饮茶，需根据个人体质和需求选择适合的茶叶品种，如绿茶、红茶、乌龙茶、普洱茶等。茶叶中的有效成分可以通过饮茶的方式进入人体，起到调节身心的作用。喜欢饮茶的人，生活多半简单，晨昏一炷香，早晚一碗茶，简单的生活，带来的是身体的轻盈健康。

泡茶是一种艺术，也是一种修身养性的方法。泡茶的过程，可以让人放松心情，达到减压、舒缓焦虑的目的。同时，泡茶过程中的香气、色泽、口感等都可以给人带来愉悦的感受。泡茶的每一个动作都可以很美，在这个过程中，泡茶的人，就如同在音符上起舞的精灵，当泡茶人专注其中的时候，世界仿佛就只有眼前一方小天地，外在世界里的烦恼，这一刻，也仿佛烟消云散。

品茶是一种品味生活的方式，也是一种修身养性的方法。在品茶过程中，人们可以静心体会茶叶的味道、香气、色泽等，从而达到放松心情、舒缓压力的目的。当一口清香的茶汤进入口齿之间的时候，仿佛一股纯净的气息进入我们的身体。品茶，品的是茶的滋味，品的是茶在口腔中婉转多变的气息，品的也是一片树叶的故事，品的更是品茶人当下的心境。

茶道是一种以茶为载体的文化艺术，包括茶艺、茶道礼仪、茶道哲学等内容。通过学习和实践茶道，可以提高个人的修养，培养良好的生活习惯，达到身心和谐的目的。通过茶道严苛的仪轨，我们在与一些习惯进行"对抗"，我们的身体不再佝偻，我们的眼神不再不安，我们的心境不再浮躁。最终，我们的身体和心性融在其中，成为茶的一部分。

茶禅是将禅宗思想与茶文化相结合的一种修行方式，通过品茗、泡茶、观茶等活动，达到心境平和、身心合一的境界。参禅悟道有多种形式，茶只是其中一种载体，借茶来禅悟，也是传统禅宗文化的一部分。茶禅是一种生活态度，强调的是内心的平静和清净，以及对生活的深刻理解和感悟。在现代语境中，禅茶真谛正在被越来越多的人所理解和接受。或许禅悟并非时时有结果，可是，过程远比结果更为重要。在茶禅的过程中，人会逐渐明了。

茶疗的本质，是身体借茶而疗，心灵借茶而愈，最终实现身心平衡，所追求的是生活的美好、生命的健康与自在。

06 / 茶之修

茶，可饮用解渴，此为茶的生活价值；茶，可调理身体，此为茶的药用价值；茶，也可以悦志、益思、清心，此为茶的内修价值。近年来，很多人开始重视茶的内修价值。通过茶，人们得以从另一个维度了解自己和这个世界，也可以通过茶，了解我们当下的生活，以及自己的生命状态。借茶修行是一种深度的修身养性方式，是以茶为媒介，通过泡茶、品茶的过程，达到身心净化和提升精神境界的方法。这种方式源于中国传统文化，是对身体的滋养，更是对心灵的洗礼。

借茶修行是以泡好一壶茶为基础，于日日行茶、时时修持的过程中，达到内外兼修、同养太和的美好生命境界。这不仅是对个人身体的养护，也是对道德品质的培养。修行者在品茶过程中，可以切身感悟茶道精神，进而回到生活中去修养、修正自己的日常行为，给他人带来更多的关照和方便。

借茶修行不仅仅是一种修身养性的方式，更是一种生活态度和人生哲学。在快节奏的现代生活中，人们往往容易迷失自我，被各种压力和纷扰所困扰。而借茶修行恰恰能够帮助我们在纷繁复杂的世界中寻找到内心的平静和安宁。泡一杯茶，我们需要做到的就是精心凝气，让自己慢下来，有更多的时间和机缘回望过去，反思当下，审视未来。

通过泡茶、品茶的过程，我们可以逐渐放下心中的杂念，专注于当下的每一个细节。茶叶的投放、烧水的把控、冲水的节奏、持杯的方式、品茶的状态，在这些过程中，我们会发现生活中的许多美好瞬间，从而更加珍惜当下的时光，懂得去倾听内心的声音，去关注身边的人和事，去体验生活的点滴温馨。在泡茶、品茶的过程中，我们需要保持平和、谦逊的心态，去面对生活中的挫折和困难。这种心态对我们在职场、家庭和社会中的表现都具有重要意义。通过借茶修行，我们可以逐渐摆脱焦虑、烦躁等负面情绪，以更加积极、乐观的态度去迎接人生的挑战。

借茶修行还能够帮助我们培养良好的道德品质。在泡茶、品茶的过程中，我们需要遵循一定的礼仪和规矩，这无疑是对个人品行的一种锻炼。同时，借茶修行还强调"以茶会友"，让我们在与他人交流的过程中，学会尊重、理解和包容，从而提升自己的人际交往能力。

借茶修行的实践，不仅仅是在茶室中泡茶、品茶，更是一种生活的艺术。在日常生活中，我们可以通过观察茶叶的形态、闻茶香、品味茶汤的过程，来感受大自然的恩赐和生命的奇迹。这种对生活的敏锐观察和感悟，有助于我们更好地理解世界，提升自己的审美能力和人生境界。

"茶"字，正是人生草木间，人和草木一样，都是大自然的一部分，回归到生命的本质上看，人未见得比草木更高贵，在大自然面前，众生平等。借茶修行，也是在强调人与自然和谐相处的理念。在泡茶的过程中，我们需要关注水质、火候以及茶叶的生长环境。这让我们更加珍惜自然资源，关爱地球家园。同时，借茶修行也让我们学会顺应自然规律，调整自己的生活方式，以达到身心和谐、健康长寿的目的。

借茶修行也是一种传承和弘扬传统文化的方式。茶道作为中国传统文化的重要组成部分，承载着丰富的历史信息和文化内涵。通过借茶修行，我们可以更好地了解和传承这一宝贵的文化遗产，为后人留下一份珍贵的精神财富。

十多年来我对茶的研习过程，本质也是借茶修己的过程，在这个过程中，我会更理解周遭每个人的状态，因为理解了对方，也便少了对自己、对他人的苛责。世界上的每一朵花都是不一样的，每一棵草也都是不同的，何况是有灵魂的人。以茶修己，便是让自己成为独一无二的一朵花，成为独一无二的一棵草，成为独一无二的一个人。

07 / 认识茶器具

茶器具在茶事中有着重要位置。从某种角度上说，茶器具和茶是不可分割的。历史上，茶具的样式多种多样，从器型上、材质上、功能上划分，可谓琳琅满目。但对于今天学茶、喝茶的人来说，只需要了解其中几种即可。

· **玻璃杯**

玻璃杯不吸味，不会跟茶叶发生化学反应，透明的适合用来泡绿茶。

· **紫砂壶**

紫砂壶本身是陶土泥土制成的，有很多的毛孔，所以它有一个特点就是吸附茶汁，如果长期泡一款茶，茶壶就会带有这款茶的味道。

· **盖碗**

盖碗非常好用，我经常会用到盖碗，盖碗跟玻璃杯器皿有一个同样的特点，就是它不会跟茶发生化学反应，不会吸附茶汁，泡任何茶都可以。盖碗下面是有个托的，盖碗也叫三才杯，有天地人和之意，盖为天、托为地、中间为人，现在我们用盖碗泡茶，基本上会省掉下面的托。

· **公道杯**

公道杯材质非常多，有陶土的，有玻璃的，有银的。不同材质的公道杯我们都可以去尝试。不同材质的公道杯对茶的口感也会有一定的影响。但常规来说的话，玻璃杯中庸一点，不会很差，也没有多好。银制的公道杯可能会软化茶汤，会让茶汤变得更甜，不是所有的茶都适用银制的公道杯，有些茶要体现它的风骨，不一定变得很柔才会好喝或者变得很甜才好喝。

· **茶巾**

茶巾虽然像一块小抹布，但是我觉得它非常重要，我们经常会用到它。它能够帮我们清洁茶桌上滴落的茶水。

· **盖置**

盖置的材质也非常多，铜的、玻璃的、竹子的、瓷的等。盖置就是放置杯盖、壶盖的。

· 茶盒、茶则

以前最早用茶盒会比较多，茶盒用来盛放茶叶，是卷曲的，像荷叶一样，有一些茶不一定适用。比如条索比较长的就适合茶则，因为它能够平摊在茶则上，利于我们很好地去观赏干茶。

· 茶匙

茶匙是用于拨茶叶的。茶匙也有很多材质，实木的，竹制的，银制的，铜制的，以及不同材质融合制作的，比如将竹子和银结合。茶匙的选择，可以根据个人喜好来定，以器型简单朴素为佳，主要考虑是否合手。配合茶匙的，还有茶匙置，就是放茶匙的。

· 水壶

水壶是沏茶必备的用品，选水壶一定要看出水是否流畅、顺畅，它的水线一定要好，不然的话有可能就会影响沏茶时注水的节奏和美感。

· 品茗杯

　　品茗杯就是用来喝茶的茶杯，下面会放一个杯托。杯托常用于雅集活动场合，平时我们喝茶可以不使用杯托。如今很多爱茶的人，出门也会自带茶杯，这种情况下，杯托更加用不上了。品茗杯，市面上以陶瓷为主，紫砂、琉璃等材质的也常见。

· 建水

　　建水是用来盛放一些我们不喝的茶水以及我们洗茶的一些废弃的茶水。建水一般出现在干泡上。有些地方流行湿泡，一般用不上建水，废弃的茶水直接倒在茶盘上，通过茶盘上的水路流进茶桌下面的水缸里。生活中，很多物件其实可以替代建水，比如，材质、纹饰、色彩都比较符合当时茶具特点的笔洗也可以，或者家里用的适配的碗也行。搭配起来协调就好。

· 茶垫

　　茶垫也可称为茶席布。茶席一词在不同的国家和地区的茶活动中有不同的所指。比如，日本的茶席其实就是指整个茶空间。茶垫的选择直接影响整个茶桌的美感。材质一般有竹子的，有香云纱的，有棉麻的。上面或有各种精美的图案。也有人别出心裁，自己动手缝制有个性的茶垫。

以上就是我们在喝茶时常用到的茶器具,当然,还有许多茶器具,比如茶宠、茶盘、茶针等,这些并非非有不可,有些专为某种茶而准备。在这里,不再做具体说明。

08 / 茶艺与茶席美学研习

我们接触到器物以后，会想要选漂亮的，这就会涉及美观的问题。到底什么是美学？每个人的心中都有不一样的美，可能你觉得这样很美，他觉得那样很美，但是我觉得应该要有一个最基本的标准。

第一个原则，考虑器皿之间的和谐度，就是要考虑到材质之间的适配问题。

第二个原则，非必要不放。有些器皿其实并不是很必要，比如茶宠，这种就不用放。当然，如果是在家里，随意就好。不是说茶宠不好，而是为了保持整个茶席的美感，我们需要尽量减少茶席上的器皿物什，以简约为美。

第三个原则，色彩与色彩之间保持协调。很多人会搭配各种各样的颜色，就会显得非常花哨，比如下面铺一个刺绣的铺垫就已经很花了，上面再放一些青花的或者粉彩的器具，就会让人眼花缭乱。所以茶席上的色调，尽量不要超过三种颜色。除了颜色数量不宜多之外，也要考虑颜色之间是否搭配。茶席上要确定主色调，然后根据主色调选择其他的配色器皿。

　　色彩应该是茶席美学中最为重要的部分。材质不协调通过色彩上的协调去弥补，往往也能达到出人意料的效果。

　　此外，茶席美学中，花是不可少的一个重要元素。用瓶花点缀，可以增加整个茶席的视觉美感。实际上，在古代的文人茶事雅集上，插花也是必不可少的一部分。

　　茶席的设计搭配，其实没有太多技巧可言，很多时候取决于我们的经验，而经验则依赖于我们日常不断地尝试。完全按照"教科书"上的进行搭配，有时候也会觉得索然无味。在教学中，我会鼓励学生多去尝试，有的时候，不妨跳出基本原则去尝试。尝试多了，见得多了，自然就有了自己的经验。

09 / 沏茶的艺术

日常使用最多的泡茶器皿就是玻璃杯、盖碗、茶壶三种。器皿不同，所泡茶类不同，泡茶的手法技巧也不同。

一、玻璃杯泡茶

玻璃杯泡茶相对来说是最为简单的，也是最为便捷的，玻璃杯适宜泡绿茶。我们需要准备玻璃杯、建水、茶则、茶匙、茶巾等。

绿茶相对来说比较嫩，因此，水温不宜过高，以 75 ~ 90℃为宜。我们需要记住，越嫩的茶，越不能用高温水去冲泡。反之，比较老、比较粗的茶，可以用温度高一点的水去冲泡，甚至是焖茶。

第一步先温杯。食指和大拇指扣在壶把上拿起来。刚开始学习泡茶，我们先选择用单点注水的方式，把玻璃杯想象成一个表盘，在 5 点方向注水。温杯大概两三厘米的水就够了。水壶的壶嘴离玻璃杯的高度大概三厘米，不要太高或者太低。

通过转杯的方式转三圈。接下来投茶，绿茶基本上以三克为准。

冲泡绿茶有三种投茶法，第一种是下投法，第二种是中投法，第三种是上投法。下投法就是先把茶叶放进去，然后再注水。中投法就是注水到一半，然后投茶进去，最后补上剩余的水。上投法就是先倒水，然后再放茶叶。

这三种方法有什么区别？非常嫩、非常细、非常娇贵的茶，我们基本上选用中投法或者上投法，不要让茶水冲击到茶叶。相对来说没有那么嫩、没有那么金贵的茶，我们可以选用下投法，用水直接冲茶叶。

第一次注水的时候不要太多，稍微漫过茶叶即可，先润一下茶，让茶跟水充分接触，稍等片刻后再注水。我们都知道茶倒七分满，其实用玻璃杯冲泡绿茶也一样，七分满就可以了。绿茶会在玻璃杯容器里充分伸展，慢慢地就可以观赏到茶叶的舞动，非常漂亮。玻璃杯冲泡绿茶就好了，非常简单。

二、盖碗泡茶

　　盖碗泡茶相对来说是比较难的。盖碗要怎么拿？我们把食指放在盖碗顶端的盖钮上，中指和拇指贴住碗盖沿两侧，三根手指放在一条竖直的线上，呈三点一线，然后提盖反逗号旋下去，然后再旋回来。旋回来的时候要找到一个像月牙一样的出水口，出水口找到了以后，想象这个圆是一个西瓜给它切一半，竖着横切下去，然后我们想象盖碗的盖身是一个表盘，12点和6点方向提盖碗，然后出汤。

　　公道杯也有几种摆法。常见的就是左边和右边，这样比较协调。拿起盖碗出汤的时候，不要用碗底对着坐在我们对面的人。

　　盖碗还有一种拿法，就是拇指按盖，其余四指托底。这种盖碗拿法出汤会比较彻底。由于这种拿法手指盖住了盖碗的底，碗底对着对面是允许的。

怎么用盖碗沏茶？首先是温器，5点方向单点注水。温器的时候我们不用倒那么多水，倒一半即可，找到一个出水口，出水，放回，如果你的公道杯刚好在左边就直接拿起来，然后出汤。

这里有一个细节，很多人倒茶的时候会从靠近自己的这一杯先倒茶，然后依次向最外面的杯子倒茶。这种顺序就有把客人往外推的意思。我们倒茶要由外到内，这样的话感觉就是我们把客人引进来，表现出我们的热情。

每一个品茗杯都需要用温热的水温一下，拿在手中可以选择转三圈，也可以选择转一圈，然后把茶杯里的水倒掉。温杯的作用不是为了清洁，盖碗、品茗杯在事先我们都会做好清洁，这是一个基本的礼节。清洗茶杯茶碗是一个最基础的课业。温杯的作用主要在于让杯子的温度和茶汤的温度匹配，冷杯热茶，在一定程度上会影响茶的口感。在天气寒冷的时候，

当客人拿起温热的茶杯，也会让客人觉得舒适。

第一遍茶汤，有人说要倒掉，有人说不用倒掉。这个取决于我们对这款茶的了解。基本上，大多数情况下会选择倒掉第一道茶汤。

由公道杯分茶到品茗杯需要注意，尽量贴近杯壁下汤，这样的作用是尽量减少茶汤和空气过多的接触。茶汤量，以七分满为宜。

其实整个沏茶的流程基本上都大同小异，重要的是什么？我们需要在沏茶的过程中保持一个比较好的心境，因为只有好的心境才能冲泡出好的茶汤，假如说很浮躁或者很不耐烦，动作很快或者很急促，那么泡出来的茶汤也会受影响。

三、紫砂壶泡茶

不论是紫砂壶还是其他材质的壶，泡茶流程基本一样。

紫砂壶怎么拿？紫砂壶的拿法跟壶的大小有关。壶比较小，我会选择单手冲泡，中指和大拇指扣住壶把，食指按在壶盖上。食指不要按在壶盖的出气孔上，要按在下方，我建议留点指甲，通过指甲去触碰壶盖施加按压力，这样就不会烫到手。

稍大一点的壶，我们可以把中指稍微环扣在壶把上，这样就比较稳固。特别大的紫砂壶，需要双手去拿。我们的右手食指和中指放在壶把上，大拇指扣在壶把的上方，左手中指抵住壶盖的上方的侧边，记得不要堵住壶盖上面的出气孔，不然会倒不出茶汤。

无论是玻璃杯、盖碗,还是紫砂壶,用不同的器具泡茶,其本质是一样的,动作上要做到简洁、实用,手法上要做到便捷、美观。

第七章

香事漫谈

中国香文化的历史伴随着中华文明的历史一起发展，漫长的香文化历史，浩如烟海，璀璨如星河。回望整个香文化历史，有焚香祭祀天地，有把香草比作美人，也有品香明心见性。面对如此庞大且厚重的香文化，我时常感到无能为力，却又如此庆幸。无能为力的是或许我这一生都无法窥探一二，庆幸的是，我可以用一生去学习。

01 / 气味相投，终会"香"遇

"气味相投，终会'香'遇。"这句话是我师父讲的，第一次听到这句话的时候，我感触很深。这个世界其实就是一个能量场，我们最后都会被无形的力量聚在一起，因为我们身上有同样的气味。其实就是同频共振，相惜相依。

我们常说"物以类聚，人以群分"，你我身上有共同的磁场，共同的气味，最终我们一定会相见，而且是因为美好的香气而遇见。之前我听过佛学里有讲过类似的意思，还讲到修为很高的人身上会有一种芬芳，这种芬芳是若隐若现的，有点像兰花的香气。我始终相信，当你内心纯净到一定程度的时候，身体所散发出来的就是一种香，看似缥缈，其实存在。

我以前在幼儿园工作的时候，有一次经过一个草丛，雨后草丛里小花散发出香气，总让我联想到一个人。香的魅力是非常大的，有嗅觉层面的，也有很多精神层面的东西。

我跟师父结缘在十多年前，那个时候接触香的人并不多。最初接触到师父的时候，我觉得师父文绉绉的，很美。那个时候我对香的理解并不深入，经过十几年的沉淀，我才发现，香是生命的一部分，香和茶一样，都是无法割舍的。以前会有人告诉我："你就做茶，不要做香了，你就是为茶而生的，你看你那双手多美，行茶的过程多美。"但是我觉得茶和香就像我生命当中的左手和右手一样，我怎么能舍弃，我一个都舍弃不了。

能够专注潜心研究香、制作香的人，就是灵魂带有香气的人，而且香真的能够教会我们如何让灵魂变得美好，干干净净，跟芬芳的香气一样的。

我们会发现，生活当中有一些人你第一次见到他，就会觉得似曾相识，你会感受到自己喜欢对方，但有一些人你见到他，就会不舒服。我觉得这个也可以用"气味相投"来表达。我很感恩，在生命当中能够与香结缘。

香是中国传统文化的一部分，作为中国人，我很幸运能够有机会去了解中国古人的智慧。能够在大自然的一草一木中去寻找芬芳，让我的灵魂也有了香气，这是一件很美妙的事情。这股芬芳对我而言，也是一个自我修正的方式。这股灵魂的香气是清雅纯真的，不是妩媚艳俗的，它就像沉香一样纯净，穿透力极强，直达人的内心，穿透我们的身体。

我师父说的这句话，也变成了我人生的座右铭。师父其实是一个特别的人，他对学生要求很严苛，那个时候就觉得师父脾气不太好，很多学生都被他骂过，幸运的是，我还没有被骂过。我有时候会觉得师父看似很理性的人，其实骨子里面很感性，也是非常有爱的人。他完全可以做更多能挣钱的事情，但是最终还是选择了香。

他那么多年的坚持，在香的事业上花了很多钱，也影响了很多人，让很多人爱上香。在他的心中一定有一颗芬芳的种子，这个种子已经在他的心田里种下了，就像种下了一颗爱的玫瑰，然后不停生长，最终散发出美妙的香气。所以，师父能够桃李满天下。

我和香的缘分始于 2012 年。我的启蒙老师，也是幼儿园老师，后来去了安溪教授茶学。最初我就是跟启蒙老师学习了香的一些基础知识，包括行香的表演。

一年的学习之后，到了 2013 年，我就跟现在的师父学习香文化了，一直到今天。其实这么多年，我也拜访过很多香学的老师，国内不管是台湾的，还是大陆的，国外不管是日本的，还是韩国的，一路接触下来，便更能认识到我师父的厉害之处。他基于自己习香二十年的经历，总结了一套自己的招法，这就是"香学六论"。"香学六论"是一套很完整的体系，在这个体系当中，学习者会有次第地去学习。很多人会执着于香的文化，但是对我来说，学习是有次第的，你不可能一直停留在一个面上，"香学六论"是全系和宏观的。

"气味相投，终会'香'遇。"我将这句话分享给每位热爱香文化的人，也送给每位热爱生活的人。请相信，有一缕芬芳一直在心田，那些和你一样有着相同芬芳的人，你们终会因为香而遇见。就像我遇见我的师父，就像我遇见你。

第七章 香事漫谈 / *175*

02 / 中国香文化

香气在我们的生命中究竟有多重要？我们的眼睛可以有不看的时候，嘴巴也可以有不吃的时候，但是我们的鼻子却无时无刻不在呼吸。

"香"字的本义是指谷物成熟后的气味，当人们闻到谷物的气味，便觉得好闻、愉悦，这是刻在先民基因里的认知。在原始社会，先民们始终围绕着"吃"进行活动，正所谓"民以食为天"，因此，谷物成熟后散发出来的味道，便预示着谷物可以吃了，这自然是令人愉悦的。正因此，"香"字在后来的演变中，逐渐被确定下来，那就是引申为一切好闻的气味、芳香。

中国香文化历史悠久，在漫长的历史长河中，中国香文化也逐渐发展出了一套涉及多个维度的文化集合，它不仅专指沉香、檀香等香料、香草这些具象的事物，同时也外延到艺术、文学、政治、道德等多个层面。比如，古人常以香草比喻美人，以馨香比喻君子德行。因此，我们理解中国香文化需要站在更宽广的视野和角度去看待。

当然，我们今天谈论香文化，更多时候还是围绕着"香料"文化进行的，它是和茶文化、插花文化、绘画文化等处在一个维度上的系统。

早在商周时期，古人便以香气比拟"明德"，这是中国人对香的一次精神上的升华。或可说，这也是中国人的"香道"。而日本的"香道"，直至室町时代才初成。在这前后的很长一段时间里，日本人都在极力地吸收中国的传统香文化。

现代社会，生活用香早已不是王公贵族、文人乡绅阶层独享的，而是成了更具广泛性的生活方式之一。人们的生活离不开香，饭菜要做到香，衣服要用含香味的洗衣液清洗，护肤品涂抹在身上也要留香，牙膏刷牙也要做到口齿留香，我们形容读书人家庭会说"书香门第"。可见，生活处处有香。

中国香文化虽说离不开庙堂文人的推动，但终究也离不开普通大众生活层面的加持。这是中国香文化的特点，中国香文化并不专属于贵族、有钱人，所有人都可以享受和追求。

如果我们梳理下中国香文化的发展，便会清楚地看到，中国香文化有一个自上而下的发展历程。最初的上古时期人们焚香通神明，秦汉时期贵族用香，唐宋时期逐渐流行起文人用香，后来香更多出现在百姓生活之中。中国香文化不断地从上层普及到大众的过程，也让香文化的内涵不断得到丰富。

这种演变在很长一段时期内，是区别于日本等国家和地区的用香文化的。虽说日本香道源于中国，但始终停留在贵族幕府阶层，普通百姓很难有机会接触到香道，这里当然也和日本本土香资源匮乏有很大关系。日本作为一个并不产沉香的岛国，其沉香主要依赖进口，因此，有限的沉香香材很难惠及百姓。

中国香文化和大多数其他类型的中国文化形式一样,大致具有两大特性。其一是借香来承载人们对精神世界的探索以及对美的探寻,这是文人群体所推崇的。就像兴起于宋代的文人画一样,在后来的很长一段时间里,中国文人绘画并不追求形式本身,而侧重借笔墨语言来表达画者内心的精神世界以及对宇宙万物的思考。而中国香文化在文人群体的手中,同样产生了如此不可思议的魅力。

苏轼为其弟弟苏辙写过一篇《沉香山子赋》,其中写道:"独沉水为近正,可以配薝卜而并云。矧儋崖之异产,实超然而不群。既金坚而玉润,亦鹤骨而龙筋。惟膏液之内足,故把握而兼斤。"这篇赋文,并非单纯写沉香多么美好,而是借沉香的美好来寓弟弟苏辙的文辞以及人品、德行的美好。类似这种以香寓德行之正、以香自我修行的在屈原的《离骚》中也多有出现,如"扈江离与辟芷兮,纫秋兰以为佩"一句,江离、辟芷、秋兰,都是香草名。可以说,屈原赋予了香文学之美。

文化的发展离不开具体的事物,香文化的发展也少不了香器具的发展。

　　在上古时期，香还不能称为一项独立的文化。这点需要我们理解"香"的汉字本源含义。"香"字的构成，上黍下口。"黍"是指谷物，"口"是盛放谷物的容器。所以，"香"字，指的是容器中谷物散发出来的怡人气味。农耕时代，谷物对人们来说，是极为重要的，是人们最大的财富，它的味道是令人愉悦的。就好比墨香之于爱书之人，泥土味之于农民，花蜜味之于蜂蝶。从"香"的本义出发去理解"香"，"香"的意义便丰满了。

　　因此，最初上古时期人们用香，更多是在食物中添加一些香料，以此增加食物的香气，这个时候的器具其实就是用于盛放食物的器皿。

　　中国香文化的蓬勃发展是在西汉时期。丝绸之路的打通，让更多西域的香料得以进入。在此之前用香，多为就地取材的香草。丝绸之路为外国带去了丝绸，也为中国带来了更多优质的香料，用香之事一时兴盛。不过，这个时候的兴盛，多存在于皇家贵族之间。汉武帝作为功勋赫赫的帝王，也喜欢用香。我们今天常见到的博山炉，最初便出自汉武帝时期。

用香流行起来后，除了材质不一的香炉，同时还有盛放香料的香盒（在古籍中多写为"香合"）。西汉南越王墓中曾出土有口径 9.5 厘米的红漆香盒。这是出土比较早的香盒之一。到了北魏时期，香盒已经普遍了。和香盒功能比较相近的，还有隋唐时期出现的香宝子。香宝子多为高筒装，且是成双成对出现。

到了宋代，制瓷技艺得到了快速发展。香器具也在这一时期迎来了一个百花齐放的鼎盛发展时期。南北宋时期的香器具，不仅满足了功能上的使用需求，同时在审美情趣上也超越了过去历朝历代。青釉雕花三重香盒、青白釉瓜棱香盒、剔红桂花香盒、剔红渊明爱菊香盒、螺钿月宫玉兔香盒等精品皆出自这一时期。香瓶大抵也是和香炉、香盒一起发展的。以上略叙一二，不做过多介绍。

中国香文化，犹如星辰大海般广博灿烂，也是伟大的中华文化的一部分。中国香文化承载着古人对天地的敬畏，承载着对先人的思念，同时也承载着人们对天地宇宙的思考，此外，也是劳动人民生活的一部分。

03 / 香艺技艺与香席设计

传统香席的精神内涵分为四个部分，第一是品评审美，第二是励志翰文，第三是净心契道，第四是调和身心，这也是香文化强调的四德。

传统香席分为三种。第一种是斗香式香席，主要是品评审美，比如说我们拿两款香一起来品评一下，这两款香好坏在哪里，品质优劣在哪里。第二种是香修式香席，主要是净心契道。通过香席，大家一起来品香，一起来感受这份宁静，去感受智慧。第三种是雅集式香席，主要是励志翰文，以调和身心，雅集式香席就是大家一起做一个跟香相关的活动。

第一种斗香式香席，以品评审美为主。有训练鼻观式的斗香式香席，主要是斗鼻，比如说五款香，我们品香的人分为两组，两组人闻完第一遍后，大家来盲评，大家是不是能够记住刚刚所闻到的香都是哪一些，能不能记住这个味道，主要是训练鼻观。训练鼻观的斗香式的香席，从设计上来讲，首先香室空间不能太大，一般在 30 平方米以内就可以了。香室不可以有其他的异味，不能有对流的风，香室陈设要高雅简洁，香案不要超过三个颜色。香案是整体的一个香案。司香者位居一端，品香者位于两侧。

斗香式香席还有以鉴香为主的一个斗香式的香席设计，以品鉴香的优劣为主。香席设计要更加紧凑，一般 9～15 平方米。香室不可有异味，空间内没有对流风。香室陈设简洁高雅，香案不要超过三种颜色。香案设置为整体香案，司香者位居一端，品香者位居两侧。

品香者需要准备一些香笺，用来记录每一款香以及每款香不同时段的气味。我们闻第一轮香的时候，它有些什么味道，它的味道的浓郁度以及跟身体共振的位置在哪里，这些都需要记录下来。通过三轮的品鉴，我们就能够知道两款香哪个更好一些，当然也可以盲鉴。我们可以在这种传统香席的基础上去创造自己的香席风格。

第二种香修式香席，主要是用来静心的，明代的儒释道名家无不竞相修筑"静室"，以"坐香"来"习静"，用"香课"作为勘验学问以及研究心性的手段。

据记载，在万历年间仅方外儒家的坐香静室就有 132 处之多，内修式香席重在引慧，多为无烟香法，香材以沉香为主，内修式香席的设计重在"空"，就是很简洁的一个空间，不要有繁杂的色彩。

香修式香席的设计也不能太大，不能有异味，不能有风，陈设越少越好，环境必须安静，光线要稳定，不能太亮，气温要恒定。"坐香"基本上是冥想和静坐的状态，人不能太多，一般不要超过 4 个人，全程止语，最好是在蒲团上盘坐。"坐香"的时间不能低于 1 小时。

第三种雅集式香席，雅集式香席是以香为媒介的综合文化活动。我们都知道古代有四般雅事，焚香、品茗、插花、挂画，这也是中国传统文化当中很重要的雅集方式。

这里讲的插花，其实不仅是插花，插花是代表中国传统空间的美学，在古代泛指布置一个雅的环境，其实这四者应该同时进行，并不是说分开来的，从屋外的园艺休整，到屋内的摆设和用具，不需要贵重，但是要风雅，要有意境和味道，既能映衬主人的内在审美和修为，又符合雅集的风格。

品茗既可以独立成为雅集的主题，也可以作为香席式雅集的序幕。比如说宾客还没有到齐的时候，大家可以先坐下来谈谈天、喝喝茶，安定心神。焚香是雅集式香席的核心部分，互传一炉香，如曲水流觞，炉至鼻观先参，炉去低头翰文，香尽互赏所著，勘验学问。

挂画不只是挂画，是雅集的尾声，品香行文之后，带着余兴，主人或者宾客拿出所藏的字画，依次上墙展示，品评审美，可伴以琴声，也可以配上美食佳酿，主人或者宾客也可以拿出一些古玩，品香之后共同品鉴把玩，也是很有意思的。

雅集式香席的设计是有流程的。比如说刚讲到的插花，首先在雅集活动的环境布置当中一定要有插花的部分。其次是备茶，按照不同的时令备适合的茶品。再次是备香，备上上好的香材或者自制的合香，以待佳客。然后是备藏，准备一些收藏的字画、古玩等。最后是发帖。古时候不像现在可以一通电话、一条短信就可以邀约到宾客，古代要隆重地写上请帖，派书童逐一送达。下面为古人香事雅集请帖范式，仅供参考。

云染孟冬、
小院白梅初兴
备以陈年普洱
以吾今春所制伴月香
合之
只待君来
共襄文事

　　雅集式香席重在文化交流，人数会稍微多一些，故此香室可以稍微大一点，便于设置分体式香案。行香的时候可以配一位专门的行香师，品香的人可以坐在两边，然后依次传接品赏当天雅集上要品鉴的香品。一开始很静，然后有一些动，然后再到静，其实有一个动静结合的过程，在这个过程当中，每个人都会感受到轻松、惬意和愉悦。今天我们聚会大多是一起吃饭、唱歌、聊天，有时候不妨像古人那样偶尔回归一种典雅的聚会模式，品香喝茶，插花挂画，不失为一种当代的生活风雅。

04 香事雅集

香在宋代便已经成为人们生活中的风雅之事，并和点茶、插花、挂画构成了中国人的传统四般雅事。既是雅事，中国文人便多有举办雅集的兴致，这就是香事雅集。

传统文人香事有一套自己的礼仪。这套礼仪因人因时而有所不同。但大体上都符合传统文人生活的方式。

在举办香事雅集前，主人应拜帖邀请而后确定时间，在雅集开始前一天或几小时，需要布置好香事雅集空间，包括选择合适的花卉插花、合乎主题的书画作品。

宾客陆续到来，先于厅堂闲坐交谈，相互认识，了解近况，沟通感情。宾客可品尝主人准备的点心和茶水。如有条件，现场将有职人演奏琴箫雅乐。

其后，主人可邀请宾客进入书房等空间相互交流器物或学问。在轻松的氛围中，让宾客内心趋于平和安静。

再后，香事雅集正式开始。其间，宾客不可私语或喧哗。宾客入定观察、欣赏主人行香过程，后由主人递上香炉品香。一炉香品毕，主客不交一言，于香气中观照自省。

稍后，主人可提供笔墨纸砚，由客人题写香笺。至此，香事部分可算结束。主客间可就今日香事交流看法。

就我个人而言，香事雅集的重点是香，也是人。传统文人香事的参与者，为主人的友人。当主人得到一款好香的时候，主人会乐于和朋友们分享，一则分享好香，二则借此机会和友人闲聚交流学问或感情。当代香事雅集的目的则有所变化。

如果你问一位喜欢香的人为何喜欢，我想多数时候他们是说不明白的，我也问过自己为何喜欢香，可能细琢磨会有诸多答案，但最后我们会发现，没有答案。

我特别喜欢千利休"和、清、敬、和"的茶道思想，但我更喜欢许文滨先生提到的"空"。"空"是中国传统文化中最重要的思想之一，所谓"空山不见人"，哪里是山"空"，分明是一个大宇宙。所谓"山色空蒙"，空的绝不是山的颜色，而是满目山水的灿烂。

中国绘画也格外讲求"空"，最典型的当数云林，一座空亭，却是停留过无数文人墨客或渔樵，也停留过万千行旅之人。云林借笔墨的空灵，绘就了一个饱满的人世间。沈周早年绘画讲究满，到了晚年，也注重"空"，一幅《落花诗意图》，笔墨寥寥，诠释着万古长空的生命清音。

为什么喜欢香？因为香可以让人忘记尘世烟尘，忘记人事繁杂，归于空寂，如同云林的空亭，独坐其中，只见远山岚霞一抹。香气中有我们的期待，所期待的，不仅是让人爱上一缕香的美好，更期待让人爱上生活的美好。轰轰烈烈地去热爱生活，也愿岁月静好。

05 / 认识不同香材

香材是一个宽泛的概念，就中国香文化范畴来说，常见的香材包括沉香、檀香、麝香、龙涎香、零陵香、甘松、丁香、甲香、藿香、乳香、白芷、茅香、苏合香、安息香等。根据香料的属性分类，可以分为木本类，如沉香、檀香等；树脂类，如龙脑、乳香等；动物类，如麝香、甲香等；草本类，如茉莉、丁香、川芎等，其中草本类也可以细分为花草类、辛香类、清香类等。香材的分类依据的标准不同，划分的方法也有所不同。

香材的数量非常庞大，仅常用于制香的香材就达到近百种之多。不同的香材，又因为产区的不同而有或大或小的差异，其中的典型就是沉香、檀香。

我们在学习香的过程中，没办法认识所有的香材，但对常见的几种香材需要有基本的了解。比如，我们所说的四大名香"沉檀龙麝"。

一、沉香

沉香是沉香树在大自然中受伤（风吹、雷劈、虫咬、兽击）后，经过漫长的时间，伤口处逐渐分泌出油脂，最终形成的一种具有香气的混合着油脂、木材的混合物。因此，我们不能将沉香和沉香木混为一谈。另外，今天所说的沉香和古人所说的沉香也是不一样的，今天我们将沉香划分为沉水的和不沉水的，不沉水的又可以细分为九分沉、八分沉、七分沉等。但是，在古代，沉水的称之为沉香、沉水香或者水沉。在水中半浮半沉的，称之为栈香。漂浮于水面的称之为黄熟香。以上是按照沉水与否来划分的，还有按照形成过程来分类的，由此可以分为生结、虫漏、熟结、脱落。也有根据结香的部位来划分的。关于沉香的划分，标准不一，这就造成了沉香分类的繁杂。

沉香的产区有很多，最为知名的几大产区有中国、越南、印度、印度尼西亚等。中国产沉香的地区有两广地区、海南、云南及台湾等，其中尤以海南的沉香品质最高。这些产区的野生沉香基本砍伐殆尽，少量的野生沉香也已被列入濒危动植物保护名单之中，因此，我们在市面上已经很难买到野生沉香。

沉香中的王者奇楠一直以来深受爱香人喜爱。然而，今天也很难再看到奇楠的身影，今天市场上流通的奇楠或者棋楠，其实是现代人工种植的产物，虽然也会有香气不错的香，但终归和野生奇楠不可相比。

奇楠也分为不同品种，等级依次为白奇楠、青奇楠、黄奇楠、黑奇楠。

白奇楠，数量最少，味道最为特别，质地极其软糯，奇香无比，用舌头尝一下会有轻微的麻感。白奇楠是奇楠中价格最为昂贵的。青奇楠，也

叫绿奇楠，带有红褐色的光泽，不管是生木，还是红土，均为上品。其外层如花瓣，内曾如花心结球，有些人称之为花奇楠。质地软，尝之舌麻，并有轻微的粘牙感。香味非常持久。黄奇楠，绿黑中带黄，味道很香，质地软。品质上虽然也很好，但比不上白奇楠和青奇楠。黑奇楠，色泽较黑，质地偏硬，同样具有香、麻的特性。

沉香作为一种主要的香材，在很长一段时期内都是人们用香的主流。关于沉香，涉及的知识点非常多，不同的典籍、不同的国家和地区关于沉香的记录大体一致，也各有侧重和不同。对沉香的学习和鉴别是一件极为困难的事，单靠文字或者图片，很难真正意义上掌握，最好的学习方法就是上手。但是，野生沉香不仅稀有难求，价格也是极高。

二、檀香

用于制香的檀香,为半寄生乔木,为檀香料檀香属,主要分布在印度尼西亚、澳大利亚、印度等地,以及太平洋的一些岛屿。檀香取自树木的油脂,檀香树的根、干、枝、果实都含有油脂,靠近根部的油脂含量最高。檀香的香气表现为宁静、圣洁而内敛。根据产地大致可分为老山、新山、雪梨、地门等。优质的檀香非常稀有,由于成熟时间一般需要20年以上,因此,在高利润的驱使下,市面上也出现了许多伪檀香。

三、龙涎香

龙涎香自古以来都是极为稀有、难得且神秘的一种香料。其本质为抹香鲸消化道分泌物。刚排出身体的龙涎香呈现黑色,且较为松软,气味并不好闻。在经过常年的阳光、海水、空气的不断反应之后,才逐渐散发出令人可接受的香气。龙涎香的取得并不容易,很多时候需要冒着巨大的风险在海中取得,且数量极为稀少,因此,龙涎香的珍贵程度甚至高于沉香。

四、麝香

麝,又叫麝獐,是一种生活在中亚山地地区的小型鹿类动物。麝的外形像鹿,但不是鹿。麝香取自雄性麝。麝香存在于麝囊之中,麝囊位于雄麝腹部与生殖孔之间。麝囊大小如鸡蛋。过去人们获得麝香的方式一般有三种,第一种是麝獐因为麝香在香囊中积满后导致疼痛,于是麝獐便自己用爪子剔出来,此为生香。第二种是猎杀麝獐之后人工取出,此为脐香。第三种是麝獐在被猎食动物追逐时坠崖而亡后,人们发现尸体后取出,此为心结香。其中生香最为难得。麝香对人的中枢神经系统起兴奋作用。

五、降真香

降真香,又叫紫藤香,直接焚降真香,香气较为淡,和其他香料调和之后,能够变得甜美浓郁。据《仙传》记载,降真香与各种香料调和后,焚烧产生的烟笔直而上,能够感引仙鹤降临,小孩佩戴降真香,能够破除邪气。道教多用降真香。

这里只能简单介绍下这几种常见的香料。香料的种类非常庞杂,我们需要有所侧重地学习和了解。

06 / 合香，香气的艺术

合香因其丰富的香调在最近几年颇受大众喜爱。相比沉香这些单方香而言，合香在价格上更具性价比。什么是合香？合香就是将两种及以上的香料进行调和，使得香气具有丰富的层次感和调性，同时具有艺术性和欣赏性。合香在中国人的用香历史中一直是主流。在《香乘》中，所列合香香方多达400多种。

相比单方香的制作，合香的制作则要复杂得多。从字面上看，合香就是将不同的香料调匀合在一起，或者直接打粉做香印，或者制作成线香、盘香、香丸、香囊等。但要真正实现香气的"合"并不是一件容易的事情。合香，也称之为"和香"，因此，和谐是至关重要的，并非简单地调和即可。

《陈氏香谱》中指出了制作合香的要领："合香之法贵于使众香咸为一体。麝滋而散，挠之使匀。沉实而腴，碎之使和。檀坚而燥，揉之使腻。比其性、等其物而高下，如医者则药，使气味各不相掩。"

这段话的意思是说，合香的方法重点在于使各种香调和在一起成为一个整体，麝香滋盛而扩散性强，需要通过搅动使之均匀。沉香油润丰实，需要碾碎调和均匀。檀香坚硬而气味燥，需要搓揉使之滑润。比较不同香材的特性，将它们归类并且分高下，就像医生使用药材，使香气不会互相干扰。

合香的制作需要充分了解不同香料的特性，然后结合这些香料的特性进行调和。制香者也需要充分考虑自己希望呈现出何种香调，进而选择香料。比如，麝香的使用往往不宜过多，过多则有害，而沉香比较容易调和，多一些也没关系。

当下一些年轻的用香者，对合香的了解和认识，在一定程度上离不开古装电视剧的影响，比如早些年热播的古装大剧《甄嬛传》中就曾出现"鹅梨帐中香"，这款香如今已成为一款"网红香"，许多新手入门都会先选择尝试这款香。鹅梨帐中香本是李后主发明的一款香，多用于卧房之中，提升卧房的情调，这是鹅梨帐中香最初的使用场景。

鹅梨帐中香作为一款经典的合香，其香方颇为简单，许多人都可以在家动手制作。鹅梨帐中香的香方流传下来的其实不止一种，但基本上大同小异。据《相乘》记载，其中一则香方为："沉香末一两，檀香末一钱，鹅梨十枚，右以鹅梨刻去瓤核，如瓷子状，入香末，仍将梨顶签盖。蒸三溜，去梨皮，研和令匀，久窨，可爇。"

事实上，这款香在今天仍旧存在一定的争议，最大的争议就是香方中提到的"鹅梨"究竟是什么。比较广泛的认知是榲桲，也有人认为是鸭梨。

今人在根据古香方制作合香时，无须拘泥于古香方。制香者可以根据自己对香气的理解以及对各种香料的认知，进行一定程度上的创新。如果完全拘泥于古香方，有些时候可能会失望。有些合香完全根据古香方来制作，

可能香气不尽如人意。这里有多种原因，其一就是上面提到的对某些香料的考证，其二则是一些香料，特别是中草药材、野生药材和人工种植的药材，可能也会存在一定的差异。

相比单方沉香、檀香，合香在香气的表达上更加注重"和中之变"，此"变"才是合香的精髓。从古至今，合香一直是我国的用香主流。古代文人雅士多有自己动手制作合香的故事，许多历史文化名人的香方多有传承至今的，比如苏轼留下来的经典合香名方"雪中春信"。

苏轼出任杭州通判，任职期间，吟诗作赋、泛舟煮酒、游山玩水，闲暇之余也会自己动手制作香。话说有一年开春后恰逢大雪，见园中梅花树上，轻盈的白雪落满梅花，一时兴起，苏轼便让夫人朝云去梅花上取些雪，特别嘱托用干净的毛笔扫落梅花上的雪，不可伤了梅花。待雪取来，便按配方加入已经泡制好的沉香、檀香等香料，由此，一款经典名香"雪中春信"便诞生了。

合香，是真正意义上香气的艺术，也是人们生活闲暇之余对生活情趣的一份观照。合香里，有人对这个世界的思考，也有对大自然的敬畏和期待。

07 / 香之养

香养是传统社会里重要的养生方式之一。我们常说"香药同源",正是通过熏香、燃香来调理身体,祛除疾病。因此,香养是香文化的重要组成部分,古已有之。

《黄帝内经》中记载了用熏香治疗疾病的方法和原则。例如,月艾叶熏蒸可以驱寒除湿、温通经络;用沉香熏蒸可以安神定志、缓解焦虑等。

唐代名医孙思邈在《备急千金要方》中记载了许多用熏香治疗疾病的方法。例如,用白芷、川芎、当归等药材制成的熏香可以活血化瘀、舒筋活络;用乳香、没药等药材制成的熏香可以消肿止痛、祛风散寒等。

《备急千金要方》中所记载的独活寄生汤,其方组成为独活、桑寄生、杜仲、牛膝、细辛、秦艽、茯苓、肉桂心、防风、川芎、人参、甘草、当归、芍药、干地黄。其中用到的川芎、当归等香药,可以起到养血活血的作用。

参考中医外治的思路,在香疗中也会用到通络香方。用乳香、没药、川芎、羌活、独活、防风等,制成药香后,点燃放置在关节疼痛处的附近,

通过热力和药力的渗透,达到活血化瘀的作用。同时,也有一定的祛风除湿、疏通经络的妙用。又如,东晋葛洪《肘后备急方》中提到的"六味熏衣香方":"沉香一片,麝香一两,苏合香,度蜜涂微火炙,少令变色。白胶香一两,捣沉香令破如大豆粒,丁香一两,亦别捣,令作三两段,捣余香讫,蜜和为炷,烧之。"此熏衣香方不仅能让衣物香气怡人,还能祛除病菌,让人保持健康。

香养是一种颐养身心的方式。这种文化于人有"三养",即养礼、养生、养心,这是传统文化中对人文素质的要求,也是传统香文化的核心。通过燃香、闻香等方式,不仅可以调节身心,还能祛秽疗疾、颐养身心。

香养的过程不仅是品味香料的过程,更是修身养性的过程。在品香的过程中,人们可以感悟到沉香的味、意、韵,进而达到修身养性的效果。此外,用香从最初的燃香祭祀和驱瘟避疫,经过5000年的发展历程,形成了养礼、养心、养生这三大用香体系。然而，值得注意的是，香养并非万能的，不能完全替代药物治疗，对疾病的治疗还需遵循医生的建议。

关于香养，有几点需要注意：

1. 香料的选择

一定要选择纯天然的香料。如今市面上充斥着大量的人工沉香，如果是科学规范种植的香料还可接受，一定要警惕那些化学香，这种香添加有化学香精，对身体没有一点好处。此外，要根据自己的身体情况选择香料。

2. 燃香环境以及火候

燃香的空间要通风，让香气在空气中自由流动起来，避免在封闭狭小的空间熏香。同时，也要注意香料是否受潮或者火太大，避免因为燃烧不充分产生大量有害物质。

3. 闻香的时间

闻香的时间一般选择在早晨或晚上，这两个时段人体的新陈代谢较为缓慢，更容易吸收香气中的有效成分。

4. 闻香的方式

闻香时可以将香料放在炉子上加热，让香气弥漫整个房间；也可以将香料放在香囊、香包等物品中，随身携带或放在枕头下。

5. 注意事项

孕妇、哺乳期妇女、过敏体质者以及患有呼吸道疾病的患者不宜进行香养。

08 香之修

香修是一种由中国传统香文化衍生出来的生活方式。到宋代,用香已成为一种生活风尚。任何一种事物能够成为当时的社会风尚,一定有其原因,而关于香的好处,《香十德》或许是总结得最为全面的。

《香十德》是我国北宋著名文学家、书法家黄庭坚创作的一篇关于香文化的杰出作品,精炼地概括了香的多种特性和功用。以下是这"十德"的具体内容:

(1)感格鬼神:通过香气触动人的精神世界,使人产生敬畏之感。
(2)清净心身:香气可以净化人的身心,使人心灵得到宁静。
(3)能除污秽:祛除肮脏的、不洁净的东西,祛除邪气,达到保健养生的效果。
(4)能觉睡眠:良好的香气可以帮助人们提高睡眠质量。
(5)静中成友:香是怡神安性之物,其温暖而芬芳的气息,如良友相伴。
(6)尘里偷闲:在忙碌的世俗中抽出时间,让身心得到一种安宁。
(7)多而不厌:拥有很多也不生厌,也能满足,但得量力而行,知足为乐。
(8)寡而为足:拥有很少也可满足,知足者常乐。

（9）久藏不朽：长时间地收存也不会腐烂。

（10）常用无障：经常使用就不会有烦恼。

这"十德"，既从物质属性上描绘了香的特性，如其纯净、芬芳、静心等效果，又从精神层面阐述了香的价值，如帮助净化为心、安抚神经等。此外，这篇文章也反映出在宋代，香品一度成为评断文人生活品位的参照，乃至自我修养的体现。《香十德》不仅是对香的理解和研究的重要文献，更是中国香文化的瑰宝，体现了对香的精神追求和优雅生活方式的高度赞美。

香修是一种修行方法，是指通过嗅觉来调节身体和心灵。古代，香修多流行于中国古代贵族士大夫及文人阶层，通过识香、六根感通、香技呈现和香法修炼等环节，并在相对规范的程序中，使人体会人生和感悟生活。

香修的实践方法有很多种，其中最常见的是通过燃香、闻香等方式来调节身心状态。在香道中，不同的香料有不同的功效，比如沉香可以舒缓情绪、提高注意力；檀香可以安抚神经、减轻压力。除了调节身心状态外，香修还可以帮助人们提高自我认知和修养。通过长期的实践，人们可以逐渐领悟到自己内心的需求和欲望，从而更好地掌控自己的情绪和行为。同时，香修也强调了人与自然的和谐相处，让人们更加关注环境保护和可持续发展。

另外，香修还可以帮助人们提高社交能力和人际关系。在香事雅集中，人们通常会聚集在一起共同品香、交流心得，这种互动可以让人们更好地了解彼此，增进友谊和信任。同时，香修也强调了人与人之间的尊重和关爱，让人们更加关注他人的感受和需要。

有研究表明,某些香料可以刺激大脑的活动,增强思维能力和创造力。因此,在工作中适当地使用香料或者进行香修可以帮助人们更好地集中注意力、提高效率和创造力。

总之,香修是一种非常有益的修行方式。

最后,需要强调的是,香修是一种非常个人化的体验,每个人对香料的反应和感受都可能不同。因此,在进行香修时需要根据自己的实际情况和需求进行选择和调整,不要盲目跟风或者过度追求效果。只有通过不断地实践和探索,才能真正领悟到香修的精髓和价值。

09 / 篆香、隔火熏香

平常我们玩香究竟是玩什么？对大多数人而言，就两种，一种是篆香，一种是隔火熏香。这两种比较适合大多数人，特别是篆香，操作起来比较简单，细致耐心即可。

首先我们要了解香器具。行香中涉及的香器具一般有香瓶、香炉、香箸、香铲、香盒、灰压、羽扫、香巾、云母片、炭火架、香匙、篆具等，当然，还有顶花、隔火片等，这些并非常用的。

1. 香瓶

香瓶也可以称香箸瓶，主要是用来放香箸、灰压、羽扫等器具的。一般置于左手边。

2. 香炉

香炉可以带盖子，也可以不带盖子，香炉的制式有很多，材质也有很多，我们选择自己喜欢的即可。篆香一般可选择炉膛较浅的，隔火熏香则要考虑炉膛较深的。一般摆放在正中间的位置。

3. 香箸
香箸类似筷子的样式,是用来夹香碳以及整理香灰的工具,材质也是多样。

4. 篆具
篆具有很多种,一般上面会呈现各种吉祥的字,以及莲花、祥云等图案。

5. 香巾
香巾是用来擦拭香具用的,一般放在香炉的下方。

6. 香粉盒
香粉盒是用来存放香粉的。可以摆放在我们的左边,也可以摆放在右边,以取纳方便为上。香器具的整体摆放,看上去要呈现错落有致的视觉感。

7. 灰压
灰压是用来平整香灰用的工具,也可叫香压。

8. 香匙
香匙是用来舀香粉的工具。

9. 香铲
香铲是用来填香粉入香具的工具,也可用来铲香料。

10. 香羽
香羽是也叫羽扫,是用来清理炉子边缘香灰、香粉的工具。

一、篆香礼法

在开始篆香礼法前,我们需要端坐,背部挺直,不要含胸驼背,也不要过于僵硬挺直。行香和行茶是一样的,人要放松自然,但同时也要呈现出挺拔的身形。

第一步,用香箸松灰。通过上下画"Z"和左右画"M"来整理香灰。在这个过程中,我们要左手持炉。整理好香灰之后,我们要用香巾擦拭下香箸,然后放回原位。

第二步,右手取灰压,左手扶炉,炉子逆时针慢慢旋转,配合灰压的节奏。用灰压压灰的时候,不宜太过用力,能够压平香灰即可。这个过程需要有耐心,不能急躁,要做到尽可能平整。压好后,擦拭灰压,放回原位。

第三步,取羽扫,清扫边缘的香灰,保持香炉边缘干净整洁。清扫好之后,把羽扫放回原位。

第四步,取篆具,放置在平整的香灰中间。而后取香勺、香盒,用香勺从香盒中取香粉,轻轻倒入篆具上。用量需要反复训练才能大致知道,多一点少一点也没关系,少了再加,多了取出来。

第五步,取香铲。通过香铲的平口将香粉填入篆具的空隙中。这个过程也需要细心。既要保持空隙之外没有多余的香粉,也要保持篆具绝对静止。

当一个人处于专注的状态中,他的吸收力是很强的,他学什么东西都会比较快,因为他够安静,在静中才能生出智慧。

第六步，提篆具。这个过程是最容易导致失败的。动作不能太快，太快了极有可能手不稳而导致香粉倒塌，不成型，要做到慢中求稳。这个动作需要反复练习。

需要注意的是，香粉如果受潮，脱模也容易失败，因此，香粉可以在适当的时候，晒晒太阳。平时保存香粉的香盒也要尽量放置在干燥处。

第七步，点香。取一支线香，点燃，借助线香燃烧的那一头轻轻靠近香印途中的起首位置。这个过程也需要耐心，等到确定点燃了，再慢慢收回线香，再灭掉线香。点香的时候，大拇指和食指捏住线香，尽量靠近燃烧头，其余三只手指稳住香炉。这样可以做到手部的稳定。

经过这七步，一炉篆香就完成了。这个过程并不复杂，难的是动作干净利落以及手部的稳定。

这个时候我们可以静静地坐在这个香的面前，感受香烟的缥缈，感受香气传达到我们的鼻腔里，用鼻子充分地感受香气。

二、隔火熏香

隔火熏香相对来说难度比篆香要大一些。除了会用到篆香时的一些工具，我们在隔火熏香中还会用到香碳、炭火架、打火机（也可用蜡烛代替，蜡烛点炭比较慢）、香夹等。

第一步，取香炭，放置在炭火架上，然后用打火机点炭，香碳的几个面都要点着。点着之后，先将香炭和炭火架置于一旁，等待一段时间，让香炭充分燃烧。

第二步，利用香炭继续燃烧的时间，整理香炉里的香灰。取香箸，采用篆香中的理灰方法，将香灰充分整理好，让更多的空气能够进入香灰内部。然后用香箸在香灰中间开一个香炭大小的空洞，这个空洞要和炉底部保持两三厘米的距离，并且尽量和炉灰表面保持一两厘米的距离。炉膛很深的香炉，如果埋得太深，温度会无法触及表面的香材。

第三步，用香箸取已经充分燃烧的香炭，置于香灰的香炭孔中，并用香箸拨弄边缘的香灰，将香炭埋起来。

第四步，取灰压，以中心为支点旋转，压平香灰，并呈现一个中间高、四周低的山状。左手扶着炉子，右手顺时针压灰。压好山形之后，放回灰压。

第五步，取一根香箸，围绕这个山划出五面十经。这个步骤需要很小心，香灰虽然是平的，但也是很松软的，操作不当就会导致香灰乱掉。

第六步，取一根香箸，沿着最顶部垂直向下扎出一个空洞，触及里面的香炭即可。然后用一根香箸在火洞的顶部旁边打出五个花瓣出来。

第七步，取香铲，将准备好的香碎料铲起来放到银叶上面，再用香夹将银叶轻轻夹起来放到火洞上方。炭火的温度通过火洞传递给银叶，银叶再将温度传递给上面的香料，由此可以散发出沉香的香气。

第八步，开始闻香，左手持炉，大拇指扣住炉子的边缘，下面四指拖住炉底。右手呈遮挡势，以便聚集炉中香气。慢慢靠近我们的鼻子，吸气之后慢慢地吐气，吐气要将头侧向一旁。如此反复。后面可以将香炉往下

放至胸腔的位置，继续吸气、吐气。而后再继续下移香炉到腹腔丹田的位置，继续吸气、吐气。

以上就是整个隔火熏香的礼法。

人有道,茶亦有道。
人之道为何?茶之道又为何?
不可说,或者是文字难以表述。
唯有和茶相知相伴,
在生活中践行,
在生命中冥合。

第八章 / 道可道,非常道

01 / 只可意会，不可言传

茶，作为中国的国饮，自古以来就有着丰富的文化内涵和深厚的历史底蕴。茶道、茶艺、茶禅等都是中国传统文化的重要组成部分。然而，茶的魅力远不止于此，它更有一种"只可意会、不可言传"的意境，让人在品味中领悟生活的真谛。这也是独特的中国美学所承载的主题。

香，也有相同的表达。中国人用香，在追求香气之外，也试图通过香气来获得精神上的超越，试图用不同的香料去表达当下的生命情境。

中国人所追求的美，其中有一种就是"无言之美"，我们可以理解为"只可意会，不可言传"。庄子说："天地有大美而不言。"这是中国美学中最具代表性的观点之一。"无言之美"也称得上是中国美学的最高准则之一。

茶香之美，素来可称为中国美学的重要组成部分。古人喝茶、玩茶、斗茶、品香、观香，既是生活所向，也是生命所指。在茶香中，人们体悟着茶香幻化出来的诸多美好。茶香是"不语"的。

茶香的品鉴过程就是一种"只可意会、不可言传"的体验。品茶时，人们往往会通过观察茶叶的形状、色泽、香气等方面来评判一款茶的品质。品香时,人们也会试图去观察香的烟态,香气是清是浊,是甜还是酸,去评判一款香的品质。

然而,这其中的奥妙并非一蹴而就,而是需要长时间的实践和体验去逐渐领悟。品茶品香的过程就像是一场修行,需要我们用心去感受茶的味道、香气、口感等各个方面,从而在品鉴中找到属于自己的那份宁静与愉悦。

茶的冲泡过程中,以及香的焚烧过程中,都蕴含着许多"只可意会、不可言传"的哲理。泡茶焚香是一门艺术,它需要我们掌握好水温、泡茶时间、茶叶用量、香的特性、炭火温度的控制等各方面的技巧。然而,这其中的精髓并非仅仅依靠技巧就能达到,更需要我们在实践中不断地去感悟和体会。泡茶焚香的过程就像是人生的缩影,我们需要在不断地尝试和摸索中,找到自己的那一份平衡与和谐。

茶香与人的关系也是一种"只可意会、不可言传"的情感。茶香,可以陪伴我们度过孤独的时光,也可以成为我们与亲朋好友交流的桥梁。品茶焚香时,我们可以在茶香中回味过去的美好时光,也可以在茶味烟态中寻找未来的希望与憧憬。茶香与人的关系,是一种无法用言语表达的默契与情感,只有在品味中才能真正体会到它的美好。

茶香文化内涵也是一种"只可意会、不可言传"的精神。香道、香艺、茶道、茶艺、茶禅、香禅等都是中国传统文化的重要组成部分,它们都蕴含着丰富的哲学思想。然而,这些思想精髓并非仅仅通过学习就能领悟,更需要我们在品茶的过程中去感悟和体会。茶香的文化内涵是一种无法用言语表达的精神境界，只有在品味中才能真正领悟到它的博大精深。

　　茶香的魅力并非仅仅停留在表面现象上，它更有一种"只可意会、不可言传"的意境。这种意境既体现在品鉴、冲泡、人际关系等方面，也体现在文化内涵的精神境界上。只有真正投入到品茶品香的过程中，我们才能领悟到这种"只可意会、不可言传"的美妙。

02 / 不可说的智慧

茶香里有不可说的智慧。这种智慧并非一蹴而就,而是需要长时间的实践和体验才能逐渐领悟。

初识茶香,我们自以为懂得很多东西。事实上,在茶香修行上,很多确实表现出来是简单的,并不会让人难以捉摸。包括为什么用特定的水温,为什么用这种材质的器具,为什么在这个季节选这款茶品、这款香。这些都是学习者可以掌握的。

可是,倘若我们在茶香上修习了足够长的时间,回头再看,许多原本以为理解的知识,其实有着更多层次的答案。而这些答案,无论我们多么努力,在彼时彼刻都是无法理解的。泡茶焚香的过程就像是人生的缩影,我们需要在不断地尝试和摸索中,找到适合自己的那一份平衡与和谐。

茶香与人的关系有一种无法用言语表达的默契与情感。在许多时候,茶不是茶,香不是香。我们不过是借茶和香来说自己的生命故事,借茶和香来修习自己的内心。独自沏茶时,我很喜欢细细端详茶杯里的茶汤,看似清澈的茶汤里,实则包含着众多有益于我们身心的物质。生而为人,在

这世上,我们是否也可以做到像茶一样,外在干干净净,而内在丰富饱满?当我焚香时,我也喜欢观烟,烟的形态在空气中千变万化,无拘无束,或急如流水,或慢如陌上蛱蝶。这岂不就是世人所追求的生命形态?

茶香里的智慧,都是每个人在品茶焚香的过程中逐渐凝化而得。三言两语的背后,可能是十年的漫长经历,也可能是某个机缘之下的妙悟。我称之为"不可说的智慧"。

03
品茶有道，茶如人生

常听前辈谈及"茶如人生"的话题，那时年轻的我，怎能深刻理解这四个字的含义？更别提深刻领悟品茶之道了。

理解品茶之道，离不开"茶道"。茶，是一种文化象征，是中国灿烂文明的杰出代表之一。饮茶自古以来就是一种风尚。无论是东坡先生临溪饮茶赋诗，还是现代人在茶馆饮茶叙旧，都注重饮茶之道。在中国，茶承载着极为丰富的文化内涵，中国人不仅讲究茶的品种和功用，还讲究饮茶的形式，由此形成了颇具东方色彩的茶道。

茶道始于唐，成于宋。到了宋代，人们更喜欢茶的原汁原味，不再添加调料，如此便完整保留了茶独有的清香韵味。同时，饮茶需求催生了制壶这一新行业，并逐渐发展成一种工艺，出现了制壶大师和作为艺术品的茶壶。

制壶业的发展，让人们见到了很多精致的茶具。人们不再用大碗喝茶，用诗人的话说，细啜慢饮才是品。只有品，才能做到身心合一，体会茶韵，营造闲适心境。

品茶极为讲究。首先要选一处安静环境，避免过多干扰。在小桌上放一茶盘，样式多样，选择方便换水的就行。再选一把紫砂壶和若干小茶盅。泡茶前，先用温开水冲洗紫砂壶外部，此为"洗尘净身"，可洗去尘世烦恼，放松身心、净化心灵，还能使茶壶温度均匀，利于茶香散发，也起到养壶的作用。

掀开壶盖，放入茶叶，再缓缓倒入开水，此为"翻江倒海"，茶人用简单几个字就将冲茶情景描绘得栩栩如生、充满想象。水满后，手拿壶盖轻轻抹去浮沫，这叫"春风拂面"，即洗茶，此时会有淡淡茶香飘散，令人顿感宁静清爽、心旷神怡。稍作停顿后，将泡好的茶倒入茶盅，这是"佛施甘露"。

开始品茶时，用大拇指、食指、中指配合轻拿茶盅，将茶放至鼻边闻一闻，然后细细品酌。因茶的品种和泡茶手法不同，茶或清悠，或醇浓，或香鲜，或爽悦，或黄亮，或厚重，或绵芳，其中绝妙的茶韵难以言表，此时的茶重点在品。细品一口茶，茶香萦绕心田，心随茶香飘荡；甘甜玉液滋润全身，身轻无烦似醉。虽非神仙，却胜似神仙。

饮茶有其道，茶既是药也是饮品，应当辨证使用。品茶，既是一种生活品味，也是一种优雅境界，不同的茶或清香，或苦涩，或甘甜，或润滑。茶如人生，这或许就是人们爱茶的缘由。

04 / 寄与爱茶人

坐酌泠泠水,看煎瑟瑟尘。
无由持一碗,寄与爱茶人。

在这首诗中,"坐酌泠泠水"指诗人安静地坐着,倒出清凉的水,"看煎瑟瑟尘"则描绘了诗人看着正在煎煮的碧色茶粉细末如尘的景象,"无由持一碗"表示诗人手端着一碗茶无需什么理由,"寄与爱茶人"则意味着诗人想把这份对茶的情感寄予同样热爱茶的人。

此诗以简洁的语言描绘了诗人煎茶、品茶的过程,同时也表达了诗人希望与他人分享自己对茶的热爱之情。尤其是"无由持一碗,寄与爱茶人",突显出诗人淡然超脱的心态和高雅的品性。

然而，关于这首诗的深层含义，也有一种禅意的解读。禅，本自离于言说，更不宜解析。从观心实修的角度进行阐述，非为解析而解析。这首诗也可以理解为诗人借饮茶的过程来观照内心，达到一种禅定的境地。

从文本字面上看，这首诗是白居易在描述自己煮茶、品茶的过程，但实际上，它蕴含了诗人对生活的独特理解和对禅意的深刻领悟。诗人在静谧的环境中，静静地煮茶、品茶。这种静谧的环境，正是禅宗修行者追求的境界。在这种境界中，诗人可以抛开世俗的纷扰，专注于自己的内心世界，从而达到一种超脱的境地。

通过"无由持一碗，寄与爱茶人"我们可以看出诗人对茶的热爱，以及与他人分享这份热爱的愿望。这种分享的愿望，实际上也是禅宗修行者的一种境界。禅宗认为，真正的智慧和悟性是无法通过言语传授的，只有通过亲身实践和体验，才能真正领悟其中的奥妙。因此，诗人希望通过分享自己的茶道体验，让更多的人能够感受到茶的美好，从而引导他们走向内心的觉醒。这句诗中的"无由"二字，也可以理解为诗人对生活随遇而安的态度。

禅宗强调顺应自然，不强求，不执着。诗人在这里用"无由"来表达自己对茶的热爱，实际上是在传达一种随缘、随喜的生活态度。这种态度，正是禅宗修行者所追求的心境。

第九章

茶香二十四节气

二十四节气，是如此的美。每个节气都如同一幅与众不同的画，或百花齐放，或耕牛在野，或鱼儿翻腾，或林鸟雀跃，或蝉鸣阵阵，或红叶漫天，或雨雪霏霏。中国人对二十四节气有着刻在骨子里的敬重，在千百年的时间长河中，二十四节气早已融入每个中国人的生活与生命之中。

01 / 立春：生命的序曲

立春，是中国传统二十四节气中的第一个节气，标志着春天的开始。《月令七十二候集解》有言："立春，正月节；立，建始也……春木之气始至，故谓之立也。""立"是"开始"的意思，自秦朝以来，中国就一直以立春作为春季的开始。立春一日，百草回芽，预示着一年农事的开始。

立春有三候。一候东风解冻，袅袅东风拂过，大地解冻，春暖人间。二候蛰虫始振，冬藏的虫类逐渐醒来，动而未出。三候鱼陟负冰，北方水底气暖，游鱼们感知阳气而上升，冰层未消融，鱼儿们仿佛要破冰而出。

立春正是品茗的好时机。在立春这个节气里，人们会邀请亲朋好友，一起品鉴新茶，共享春天的美好时光。茶道修行者会在这个时候进行更深入的修行，以期在新的一年里达到更高的境界。茶道修行不仅仅是泡茶、品茶的过程，更是一种修身养性的方式。通过茶道修行，人们可以更好地领悟到自然和生命的真谛。

香文化在中国传统节日中同样占有举足轻重的地位。在立春这一天，人们会点燃一炷清香，祈求新的一年平安吉祥。香文化源远流长，早在古

代就有"香火鼎盛"的说法。香不仅可以净化空气，还有驱邪避瘟的作用。在立春这个特殊的日子里，香文化为人们带来了祥和安宁的氛围。

立春也是家庭团聚、亲情传递的时刻。在春节期间，人们会回到家乡，与亲人共度佳节。这个时候，茶文化、香文化等传统文化元素成为了连接亲情、友情的纽带，让人们在欢声笑语中感受到家的温暖和传统文化的魅力。

立春，虽然已是"春"，但仍旧让人感觉春寒料峭。此时东风解冻，空气中的寒冰之气不亚于凛冬时节。饮茶上，仍旧可以选择古树红茶、岩茶等温性茶。或邀三五好友，围炉煮茶，自是别有风味。

农耕时代，立春是重要的节气，作为二十四节气之首的立春，代表着生命的开始。古人会选择立春祭来消灾祈福。立春祭活动中便少不了焚香。

焚香和祭祀在古时是不可分的。这就是祭祀之香。《周礼·春官·大宗伯》有"以禋祀祀昊天上帝,以实柴祀日月星辰,以槱燎祀司中、司命、飌师、雨师。"从祭祀之香到生活日用之香,香的本质其实并未改变,始终扮演着沟通人与天、人与心灵的角色。

立春时节,古人焚香以"梅花香"为主。元代诗人刘秉忠有一首诗《焚胜梅香》:"春风吹灭小檠釭,梦断炉香结翠幢。檐外杏花横素月,恰如梅影在西窗。"此诗所描绘的正是古人在春天焚梅花香的美好情景。

梅花香香方在古人的诸多香典籍中,多达几十种。诸多香方,无外乎沉香、檀香、龙脑、安息、白芷、零陵香等,按照不同的比例调配。所谓梅花香,并非用梅花入香,而是通过其他香材调配出梅花香的意境。这也正是中式合香的逸趣所在。

立春,既是春天的序曲,也是生命的序曲。愿所有的生命,由此可开始,向阳而生。

02 / 雨水：润物细无声

雨水，是中国传统二十四节气中的第二个节气，标志着春天的深入。古代将雨水分为三候：一候獭祭鱼，二候鸿雁来，三候草木萌动。水獭开始在逐渐解冻的河水中捕鱼，南飞的鸿雁也陆续归来，花草林木也在不经意间萌出新绿。在一阵细密的春雨中，万物开始有力地生长。

杜甫在《春夜喜雨》中写到："好雨知时节，当春乃发生。随风潜入夜，润物细无声。"所谓"好雨"，正是这春天的雨。春天雨水节气之时，雨水渐多，但并不急，并不躁，像个娇羞的小女孩，轻柔地和这个新天地打着招呼。

接春雨饮茶也是别有情调。有些茶人，会接春天的雨水，起炉烧炭，为自己煮上一壶老茶。传统中医认为，脾胃是人的气血生化之源，春季养生，既要扶助阳气，又要保护脾胃不受损害。虽然雨水已是春天的节气，但在许多地方，特别是北方的许多地方，仍旧受着春寒的影响，此时仍旧不宜脱去保暖的衣物。饮茶上仍旧需要注意驱寒、护脾胃。

雨水时的茶事、香事，讲究静，在细无声处，感受香气在空气中的流动，感受茶气在雨打竹叶声中的弥漫。懂得听雨，是我们需要去用心学习和锻炼的一件事情。很多事情，唯有无声处才能听见"大音"，正是"大音希声"。中国传统美学讲究于无声处听有声，讲究于小中见大，讲究于少中知多。

雨水节气之后，空气没有那么干燥了。湿润的空气，对香气的表现有着特别的作用。湿润的空间可以让香气少些烟味，多些香味。同时，湿润的空气也能让香在空间中留存更长时间。

焚香听雨，是文人的雅兴。苏轼有诗云："焚香引幽步，酌茗开静筵。微雨止还作，小窗幽更妍。"此时，可以借着春雨的名义，邀请三五好友，组织一场雅会，焚一炉香，品一杯茶。

03 / 惊蛰：风作勒花开

惊蛰，是二十四节气中的第三个节气，标志着春天正式开始。在这个时节里，大地开始苏醒，万物开始复苏。"蛰"字，指"藏伏"，是说昆虫入冬之后，藏伏土中；"惊"字，指"惊醒"，一声春雷，响彻天际，惊醒土中的蛰虫。正所谓"春雷惊百虫"。惊蛰时节，春雷始鸣，惊醒蛰伏于地下越冬的蛰虫，也唤醒了大多数的生命，由此，生命真正开始勃勃生发。

在古时惊蛰当日，一些地方的人们会用清香、艾草熏家中四角，以香味驱赶蛇虫蚊鼠，驱散霉味，久而久之演变成惊蛰打小人，驱赶霉运的习俗。此外还有"蒙鼓皮""吃梨""祭白虎化解是非"等习俗。

伴随着一声惊雷，茶人的故事也在上演，树叶的故事也在上演。经过一个冬天的蛰伏，加之春雨的滋润，茶树也迎来了最好的生长时节。不消多时，春茶也将陆续来到茶人杯中。惊蛰日的茶事，更像是一场静默的等待，在惊雷中等待着新的故事。就好比一场电影，剧情缓慢推进。或嬉笑，或漫步，或家常，日子简简单单，惬意自然。

惊蛰香事，则格外讲究。雨水后，惊蛰时，蛇虫出，此刻适宜在家中熏香驱邪避祟。或制印香"福""寿",以求福寿绵长。宋人陈棣有诗:"雨催惊蛰候,风作勒花开。日永消香篆,愁浓逼酒船"。其中所提的香篆,就是我们今天的印香、篆香。

惊蛰的号角响起,万物生长你争我夺,生怕错过这个季节的美好,生怕辜负造物主的馈赠。褪去厚重的衣物,撸起袖子,在惊雷声中,拥抱明媚的春光。当路边春花盛开,不妨跟春天借花一朵,插在瓶中,置于茶席香席,别有一番情调。

惊雷响了,蛰虫出了,春花开了,万物生长,沐风而发。

04 春分：借得春光，不负时光

春分，是二十四节气中的第四个节气，也是春季的中分点。这一天，太阳直射地球赤道，全球各地昼夜平分，阳光明媚，万物复苏。春分的到来，标志着春天已经过半，大地开始呈现出一片生机勃勃的景象。

春分有三候：一候玄鸟至，二候雷乃发声，三候始电。意思是说春分日后，燕子开始从南方飞回来，下雨时天空会打雷闪电。

唐代诗人刘长卿在《春分》一诗中描写得可谓精妙："日月阳阴两均天，玄鸟不辞桃花寒。从来今日竖鸡子，川上良人放纸鸢。"日月阴阳平分，燕子归来，川上纸鸢，这些春分的景象，在诗人的笔下，如此活泼可爱、生动曼妙。

春分时节，是人们养生的好时机。在这个时候，人们开始注重饮食调养，以适应春天的气候变化。春分时节的饮食原则是"养阳"，即要多吃一些具有温补作用的食物，如鸡肉、羊肉、牛肉等。此外，还要多吃一些新鲜蔬菜、水果，以补充身体所需的维生素和矿物质。在这个时候，人们还会喝一些养生茶，如枸杞茶、菊花茶、玫瑰花茶等，以调理身体，增强免疫力。

明前茶也在春分后陆续采摘上市。此时的茶,病虫害少,口感鲜美,茶汤里的春韵最佳。借春光几许,树影婆娑,闲坐庭院,几明案雅,春茶几两,沉香、檀香若干。炭火煮茶,春光晒茶,春风闻香。采摘春花几支,点缀茶香之间,茶韵萦绕,香气缠绵。一口清茶,一缕幽香,阅卷抚琴,真是人间好时节。

春日用香,宜选用清幽淡雅的香,越南的沉香,诸如芽庄沉香,自带花香甜凉之意,适宜春分焚烧。也可根据古香方制作合香,模拟花香,诸如兰远香、桃花香、笑兰香等,皆适宜。

四季茶事香事,皆可根据季节物候来选择。春分始,气温回升,人们的社交活动也增多,饮茶品香也逐渐频繁起来。

05
清明：
一缕茶香，天清气明

　　清明，是中国传统二十四节气之一，是我国最重要的祭祀节日之一。每年的4月4日或5日，当太阳到达黄经15º时，便是清明节气。这一天，人们会扫墓祭祖，寄托哀思，表达对逝去亲人的怀念之情。

　　清明，人们会借着对逝去亲人的思念，思考生命的意义、人生的价值，表达对生命的敬畏和对人生的追求。这既是对生命的思考，也是对人生的探索。在往后余生中，我们该如何度过这短暂的一生，这一生之中，我们又该如何让生命焕发出精彩？生命终将逝去，如果能给这个世界留下一点美好，也便不虚此行。

　　万物都是一个向死而生的旅程。生命的终点是死亡，那生命的意义又是什么？我也常常思考这个问题。这种思考最后延伸到了茶和香之中。我们喝茶焚香的意义是什么？有一天，当我独处品茶焚香时，我忽然发现，这个过程竟然是如此美好。至于喝什么茶、闻什么香，其实不是那么重要了。在沏茶的过程中，我能感觉到自己的呼吸，在焚香的过程中，我也能感受到自己的心跳。呼吸，心跳，这正是生命所传递出来的信号。

所以，如果我再问自己，既然生命的终点是死亡，那生命的意义是什么？我会斩钉截铁地告诉自己，是过程，是经历，是体验。唯有过程、经历、体验，生命才能超越生命本身，让我们去洞悉生命之上的一些东西。至于这生命之上的是什么？因人而异，或许是老庄的洒脱智慧，或许是孔孟的修身智慧，或许是王阳明先生知行合一的智慧。

清明的香事，大概也是二十四节气中最为"浓重"的。中国人的用香历史中，祭祀香是极为重要的主题。在先民的日常生活中，香承载着直达上天寄托哀思的使命。在广大农村地区，每到清明，家中，山中墓园，皆可见焚香情形。每一缕香气，都是对生命的敬畏，也是对未来的期许。

清明后的茶事，也迎来了繁华的一章。茶农们忙碌着，和阳光赛跑，和雨露赛跑。在几百上千年的种茶、采茶、制茶中，人们早已总结出了一套经验。《清明上河图》中所描写的清明景象可谓热闹，画中所体现的饮茶文化，正是传统中国茶文化的一个缩影。

06 / 谷雨：时光易老，且珍惜

谷雨，是二十四节气中的第六个节气，也是春季的最后一个节气。

关于谷雨的由来，有一个美丽的传说。相传在很久以前，有神仙名叫谷神的，他掌管着五谷的生长。每年春天，他都会降临人间，为大地带来雨水，滋润谷物生长。而在谷雨这一天，谷神会离开人间，回到天上。为了感谢谷神的恩赐，人们便将这一天定为谷雨节，以示纪念。

谷雨，顾名思义，就是雨水滋润谷物生长的意思。在古代农业社会，谷雨时节正是农民们播种、耕作的关键时期。这个时候，春雷响彻，春雨绵绵，大地开始变得湿润起来，为谷物的生长提供了充足的水分。而谷物的生长，又为人们提供了丰收的希望，因此谷雨被视为一个吉祥的节气。

在古代文人墨客的笔下，谷雨时节的景象被描绘得如诗如画。他们用诗词歌赋歌颂这个美好的时节，表达对大自然的敬畏之情。唐代诗人杜甫在《春望》中写道："国破山河在，城春草木深。感时花溅泪，恨别鸟惊心。"这里的"城春草木深"，正是谷雨时节大地回春的景象。宋代诗人苏轼在《饮湖上初晴后雨》中写道："水光潋滟晴方好，山色空蒙雨亦奇。

欲把西湖比西子,淡妆浓抹总相宜。"这里的"水光潋滟"和"山色空蒙",正是谷雨时节雨水滋润大地的美丽景象。

在谷雨时节,有一些寓意吉祥的活动,比如吃春笋、喝谷雨茶等。春笋是春天里生长出来的嫩竹笋,它象征着春天的到来和生命的勃发。在谷雨时节,人们会品尝这道美味的佳肴,以祈求新的一年里生活美满、事业有成。

谷雨茶则是在谷雨时节采摘的茶叶,它以其清香可口、回味悠长而著称。在谷雨时节品尝谷雨茶,不仅可以品味到茶的美味,还可以感受到春天的气息。谷雨茶可以说是迎来了口感最佳的时候,也是暮春饮茶的好时候。雨生百谷,气候温暖,或细雨缠绵,或阳光明媚,牡丹、月季娇艳盛开,春茶的香气,萦绕不绝。

谷雨后,春将尽。一寸光阴一寸金,在不知不觉中,春天即将结束了。诗人们也往往会在谷雨后感叹"春易逝"。"黄鸟亦知春易逝,尽情啼到月明时。"此时,读书人或许该收起外出游玩赏春之心,该回到书室内焚香读书了。

07 / 立夏：夏虫鸣，茶香幽

赤帜插城扉，东君整驾归。泥新巢燕闹，花尽蜜蜂稀。
槐柳阴初密，帘栊暑尚微。日斜汤沐罢，熟练试单衣。

——陆游《立夏》

立夏，是二十四节气中的第七个节气，当太阳到达黄经45°时，北半球的春天算是过去了。"斗指东南，维为立夏，万物至此皆长大，故名立夏也。""立，建始也，夏，假也，物至此时皆假大也。"在天文学上，立夏表示告别春天，进入到夏天了，也是夏季的开始。这一天，阳光明媚，万物生长，大地一片生机勃勃的景象。

《月令七十二候集解》中写道："一候蝼蝈鸣，二候蚯蚓出，三候王瓜生。"即说这一节气中首先可听蝼蝈在田间的鸣叫声，接着大地上便可看到蚯蚓掘土，然后王瓜的蔓藤开始快速攀爬生长。

立夏节气到来，风暖昼长，雨水渐多，万物又迎来了一个疯长的时期。进入夏天之后，最佳的饮品当然是茶了，此时虽然已是夏天，但远未到喝

冷饮的时候。立夏清茶一杯,不仅滋养身体,同时也能借茶的香气,感受到立夏时节万物生长的一份情调。

此时的院子里,大概可以陆续听到夏虫的鸣叫了,林子里的鸟声也渐渐嘈杂起来。在一派喧闹中,再焚香一炉,清幽的香气直抵身心,所有的喧嚣,似乎也变得美好曼妙起来。

08 / 小满：熏香正当时

小满，民间有谚语："小满小满，江河渐满。"小满是夏天的第二个节气，从小满开始，南方的雨水会逐渐增多，因此，便有了"江河渐满"的说法。

雨水增多，在传统农耕社会是极为重要的信号。小满这天，一些地区会祭祀车神。古时候，农民用水车引水灌田，保证农作物的生长。因此，水车也成了祭祀的对象，也有些地区会祭祀蚕神。每年的小满前后也是养蚕人最繁忙的时候。蚕丝是过去非常重要的丝绸原材料。中国作为丝绸大国，离不开每一位养蚕人的辛勤付出，因此，养蚕人会在这天祭祀蚕神，祈求蚕神护佑。无论是祭祀车神，还是蚕神，无不包含着先民们朴素的愿景。这些朴素的愿景背后，也体现出了先民们勤劳的美德。

小满节气也是熏香的好时候。

小满开始，雨水增多，正处于梅雨季中。炎热，雨水多，自然会觉得闷热、潮湿。古人没有抽湿机，也没有衣物烘干机。因此，梅雨季节时，衣物总是有一股潮湿的霉味。为了去掉衣物的霉味同时增加独特的香气，以香熏衣便成了公子、小姐们最为重要的香事活动。

以香熏衣的流程大致是，首先在一个盘子上倒上热水，而后用藤编的笼子盖在上，稍微增加笼子里的热气湿度。继而以隔火熏香的方式，将香炉置于盘中。之所以以隔火熏香的形式，是为了避免产生烟，从而将衣物熏得发黄。香炉放好后，再盖上藤编笼子，衣服再铺盖在笼子上。熏好衣服后，不着急穿，而是悬挂起来，第二天再穿。即便是过了一天，衣物上仍旧会有香气。

以香熏衣是一种非常高级的熏香方式。人们会根据自己的喜好来制作独特的香丸或者香饼。如此，每个人的衣物上便有了独一无二的香气。文人之间也时常在雅集上以香会友，通过香气的不同，也可体现出文人雅士们的心性以及审美品味。

除了直接以香熏衣，佩戴香囊也是一股时尚。无论是长安城里的白衣少年，抑或是秦淮河边的歌女。一款制作精美且香气特变的香囊，几乎成为了风雅、爱美之人的标配。词人秦观的一句"香囊暗解，罗带轻分"，多少让人遐想。

小满时节，也是荔枝逐渐上市的时候。荔枝在古代非常珍贵，北方很多地区的人很难有机会吃到岭南或者蜀地的荔枝。但品闻荔枝香还是有办法的。在《陈氏香谱》中便记录了几则和荔枝有关的香方。

其一为小四和香："香橙皮、荔枝壳、楨楂（木瓜）核、梨滓、甘蔗滓等分为末，名小四和。"

其二为荔枝香："沉香、檀香、白荳蔻仁、西香附子、肉桂、金颜香，各一钱。马牙硝、龙脑、麝香，各半钱。白芨、新荔枝皮各二钱。右先将金颜香于乳钵内细研，次入牙硝入脑麝，别研诸香为末，入金颜研匀。滴水和剂，脱花爇之。"

《香乘》中亦有和荔枝相关的香，即篱落香："玄参、甘松、枫香、白芷、荔枝壳、辛夷、茅香、零陵香、栈香、石脂、蜘蛛香、白芨面各等分，生蜜捣成剂，或作饼用。"

事实上，小满用香远不止这些。中国人的用香，可讲究、可随意。讲究的是生活，随意的是心性。这也是中国人的生命态度。

通过古人的用香，我们或许可以读到一种"和"的思想。"和"的思想，也是日本茶道中最为重要的精神之一。"和"的思想在中国有着更为宽泛的意义和价值。无论是政治、军事、文化，抑或是人们日常的生活之中，无不充斥着"和"。香事中的和亦是如此。

天地万物，可和；尘世烟火，可和；地域风土，可和。因为和，便有了和香。因为有和，便有了和气。同时，中国人也会强调"和而不同"。"和而不同"的本质，仍旧是讲究"和"。和的内涵，是包容，是兼容并蓄。

小满时节，熏香正当时。透过香，读生活之书，品生命百态。

09 / 芒种：
忙后得闲，方是从容

芒种是夏天的第三个节气，前有小满，后有夏至。"芒种"根据字面的意思就是，有芒的麦子快收，有芒的稻子可种。因此，芒种是一个耕种忙碌的节气。北方的麦浪在清晨的阳光下翻滚，南方的蝉鸣响彻在林荫间。忙碌的时节里，承载着人们对生活美好的期待。

对农民而言，忙是幸福。农人只有和土地相守在一起，生活才有盼头。虽忙，却不曾迷茫。收割的麦穗，是一家人的温饱。种下的稻子，是秋收时的幸福生活。

万物向生而生，清风蝉鸣里，有一份自在。"时雨及芒种，四野皆插秧。家家麦饭美，处处菱歌长。"在诗人陆游的文字间，我们读到的是芒种时节的人们心底的喜悦。仿佛这个世界上，没有什么抵得过忙碌过后的"麦饭"和"菱歌"。

劳碌之后，一顿饭，一杯酒，一首小曲，足以慰藉身心。

芒种，对农人而言，是收获与播种的时节。对我们而言，何尝不是收获与播种的季节？芒种的重点是"种"，唯有种下，才有收获。种下爱，收获爱。种下美，收获美。种下善，收获善。这是天地宇宙不变的法则。古语云，种豆得豆，种瓜得瓜。

中国人是最懂得生命真谛的，"忙"和"闲"，从来都是相依相偎的。忙后得闲，方是生命的从容不迫。

10 / 夏至：
所有的美好，不期而遇

夏至，是夏季的第四个节气，也是二十四节气中最早被确定的一个节气，同时也是阳气最盛的时候。

夏至有三候，一候鹿角解，二候蝉鸣始，三候半夏生。古人对事物现象的命名，真是美得不得了。所谓"鹿角解"，是说从夏至开始，阳气开始衰减，鹿角开始脱落。用鹿角脱落的现象来说阳气衰减。"蝉鸣始"，是因为一般从夏至开始，蝉鸣声便开始此起彼伏。"半夏生"，是因为到夏至这天，夏天已经过半，一年也过了一半。

夏至既是节气，也是古老的节日。先民们会在夏至这天焚香祈福，拜祭神明先祖。用香的传统，始于先民们祭祀天地先祖。古人认为，香烟袅袅直升天际，可以作为媒介传达人们对上苍的敬畏之心，以及心中所祈求的念想。因此，在选择香料上，也是分外讲究，必须是让人感觉纯净美好的香气才可以。唯有纯净无瑕的香气，才能表明对上苍和先民的敬重。

进入夏至，天气愈发炎热起来。不久将迎来三伏天。清代之前，夏至是"法定假日"。这天，全国放假，亲人团聚，以避酷暑，古时称为"歇暑"。

没有俗事缠身,没有妄心作祟,一颗本心,让所有的美好不期而遇。气温再高又何妨,有林叶遮挡骄阳,有清溪洗去热浪,有蝉鸣拂去课业的烦忧。

多年以后,当我从事茶事和香事,我常常会想,为什么会喜欢茶和香?在一盏茶中,在一炉香中,生命会变得前所未有的纯净。想来,是因为在茶和香中,涤去了妄念,守得了本心。本心存,心自安。

11 / 小暑：
眼前无长物，窗下有清风

小暑是二十四节气中的第十一个节气。所谓暑，即热。小暑，即小热，还未到最热的时候。小暑前后，雨水消停了，阳光开始从清晨到黄昏，照耀着大地万物。万物在大自然的滋养下迅速生长。

小暑过后，即将迎来最热的三伏天。民间有"小暑大暑，上蒸下煮"之说，避暑是头等大事。今人避暑的方式简单直接，空调可以解决所有问题。但是，在没有空调的古代，古人也有自己独特的一套避暑方法。扇子、玉枕、隔汗衣、凉饮、冰块、凉殿等，手段多样，方法独特，处处彰显着古人的生活智慧与生活美学。

为了避暑，文人雅士也会时常在山林中组织雅集。于竹林中，于溪涧旁，林中清风，山涧清泉，都能给人带去丝丝凉意。

熏香或者佩戴香囊、香珠，也是爱香之人的独特避暑方式。古代的避暑香方有很多。比如，源自清宫医案雍正"避暑香珠"的香方为：香薷一两、甘菊二两、黄柏五钱、黄连五钱、连翘一两、香白芷七钱、透明朱砂末五钱、透明雄黄末五钱、白及末三钱、白檀香一两、花石末一两、川芎末一两、寒水石末一两、梅花片一两、苏合油一钱、水安息一钱、玫瑰花瓣末一两，一起打成粉，修制而成。盛暑时，将此香珠佩戴在身上，能避暑并时行山岚瘴气。

除了香珠，也有许多适合避暑用的线香、盘香，大多选择香气具有明显凉意的香材制作而成，比如青莲香，以及凉意显著的惠安系沉香等。在制作和香时，也可以合理选择清热解燥、泻火解毒的香材，比如黄柏、黄连、川芎等。

中国人的香事生活，既能体现出实用主义精神，同时又能彰显出古人的生活美学。

无论是何种消暑方式，都离不开心静。白居易有一首诗为《消暑》："何以消烦暑，端坐一院中。眼前无长物，窗下有清风。散热由心静，凉生为室空。此时身自保，难更与人同。"当我们的眼睛里没有别的烦扰事物的时候，即便是在盛夏炎热时节，我们也会感觉到窗下清风拂过带来的丝丝凉意。心无挂碍，暑热也便少了许多。

12 / 大暑：品茗一杯，焚香一炉，心自清凉

大暑至，夏意正浓。大暑是夏季的最后一个节气，也是一年中最热的时候。大暑是二十四节气中的第十二个节气，由此可知，至大暑，二十四节气已经过半。

大暑有三候，一候腐草为萤，二候土润溽暑，三候大雨时行。

大暑处于三伏天，是三伏天中最热的时候，在饮食、品茶、焚香上自然也有讲究。在饮食上，宜清淡，可多食用当季新鲜的蔬果，包括西红柿、黄瓜、苦瓜、丝瓜等。可清炒，也可凉拌，比如西红柿和黄瓜凉拌，是一道非常美味的凉菜。

饮茶上以绿茶、白茶等为主，这些茶不仅可以适时补充我们身体里的水分，同时具有解热散暑的功效。但是切记，茶虽好也不能代替白开水。口渴之时还是要记得多喝白开水。

大暑之时焚香，多选择具有凉意的沉香。在众多产区沉香中，有凉意者众多，如果要追求凉意上的不同意境，可选择富森红土奇楠以及黄土沉。

富森红土奇楠和黄土沉的凉意是截然不同的，各有各的意境之美。富森红土奇楠的凉意是清雅的，而黄土沉的凉意是薄荷感的清凉，且黄土沉的凉意明显比其他多数沉香的凉意强烈。

焚香方式上宜隔火熏香。隔火熏香可最大限度地保留香材的香气特点，在进行隔火熏香之前，事先需要将香炉中的炉灰进行充分地搅拌，有条件的情况下需要进行适当的晾晒，以免炉灰潮湿而造成火炭熄火或者燃烧不充分导致炭火气太重。此外，烧炭也需要格外注意，在火钵上燃碳的时候务必让其燃烧充分之后再放入炉灰中，否则炭火气仍旧会影响香料的香气。

隔火熏香的香料选择除了沉香之外，也可选择一些具有凉意的香丸，比如腊梅香丸等。这些冬天制作的香丸，具有很好的清心纳凉功用。古人言："梅花香度远，自有一枝春。"

大暑时节，品茗一杯，焚香一炉，心自清凉。

13 / 立秋：长夏清欢

节物催吾老，天涯见立秋。凉微金尚伏，暑炽火初流。
家远思尝稻，年衰怯戴楸。归耕期已近，河汉望牵牛。

——王十朋《立秋》

立秋，是二十四节气中的第十三个节气，标志着炎炎夏日结束，秋天的序幕拉开。这一天，阳光依旧明媚，仍旧能在阳光中感受到丝丝的灼热。立秋是仅次于大暑、小暑的第三个热气节，后面还有处暑。在中医中，立秋到秋分这段时间被称为"长夏"。

立秋时节，人们开始收获夏天的果实。瓜果飘香，葡萄晶莹剔透，苹果红彤彤。这是一个丰收的季节，也是一个欢乐的季节。在这个时节里，我们品尝到了大自然的馈赠，也感受到了生活的幸福。

同时，人们开始准备迎接冬天的到来。晾晒衣物，储存食物，修补房屋。这是一个忙碌的季节，也是一个期待的季节。在这个时节里，我们看到了人们对未来的规划，也体会到了生活的温馨。

　　立秋之后，秋茶开始采摘上市，诸如白茶，也迎来了最佳的品饮时刻。秋天的茶会也在各地陆续上演。在这不冷不热的时刻，户外茶会别有一番情致。当阳光透过树叶洒落在茶席上，香炉的香烟袅袅升起，呈现出一幅动人的画卷。

　　立秋之后，在南方的诸多地方，蚊虫依旧很多，此刻用香可以考虑带有驱蚊辟邪之意的香茅艾草香。香茅艾草的天然香气，自带一抹秋意，那是大自然最朴素的味道，也是生命成熟的味道。立秋后的长夏，也是谱写动人故事的好时节。

14 / 处暑：暑气止，心气生

处暑，即出暑，不过，别急，秋老虎还没来。立秋之后，一天里热的时候总算是少了些。每日早晚，些许清凉的风，吹在灯火长桥处，吹在莲塘蓝雪花间。一枕清风，偷偷从窗户处吹来，断了幽梦，醒来，这人间依旧金灿灿。

《月令七十二候集解》说："处，止也，暑气至此而止矣。"满塘的荷叶，将退出舞台，惨败的荷叶，零落泥水的荷花，还有果实饱满的莲蓬。稻田里的稻子，开始散发出诱人的稻香。稻花香里说丰年，这大概是这人间亘古不变的美好祈愿。这世间，也没有什么香味抵得上稻香。一缕稻香里，是生的希望。《易经》所言："天地有大德，曰生。"给人以生的希望，正是天地之大德。

处暑，是二十四节气中的第十四个节气。如此算起来，二十四节气已然过了一半，这一年，也过了大半。从年初到年尾，是一个心气儿渐渐被时间磨掉的过程。每年开始的时候，我们告诉自己，要关心"粮食"和"蔬菜"，要"喂马""劈柴"，要关心身边的每一个人。可是，人生不过区区三万多天，真正值得我们去关注的人和事，实在少之又少。于我而言，或许就是一盏茶、

一缕香，以及家人和身边几个朋友。

处暑，或许暑气至此不再。但心中的暑气却依旧。

大地的暑热，源自阳光。而心田的暑热，则来自我们所见的人和所遇的事，是我们的伴侣，是我们的父母，是我们的兄弟姐妹，是我们的子女，也是一盏茶，一缕香。

一盏温热的茶，从唇间进入我们的口腔，再入心田，浇灌着心田的土壤，呵护着心田的那股气。这是我和茶的"羁绊"。茶，从不眷念它在茶树上的日子，茶的生命，始于茶汤流过人唇间的那一刻。茶事，人事，就此有了故事。

处暑，喝一盏茶，温热心田，听夏蝉最后的清音，赏莲在风中最后的舞，而后，去期待稻田里的香、果树上的甜、秋风中的静美。

15 / 白露：
清风不误，此心安处

白露，是二十四节气中的第十五个节气。如果说处暑告别夏天，那白露则是真正意义上的迎来秋天。《月令七十二候集解》中说："白露，八月节，秋属金，金色白，阴气渐盛，露结为白也。"

过了白露，天气真真切切地开始有了凉意。一场秋雨一场凉，一阵秋风一阵寒。即便是午后的阳光，伴随着丝丝凉风，也是温柔的。

白露过后用香，讲究润、甜、清、雅。诸如南塘后主的那方"鹅梨帐中香"最适宜天气渐凉后使用。鹅梨帐中香的香方流传下来的有很多，但大同小异，皆选用沉香和鹅梨，有的香方里再添加檀香，和沉香一起在鹅梨中蒸煮。沉香温中行气，鹅梨润燥养肺。最适宜秋季天渐凉时熏用。

秋天天干气燥，适宜喝乌龙茶等青茶。青茶褪去了凉意，具有润肤养肺润喉的功效，适宜秋季饮用。

夜晚的寒气，在清晨凝结成露珠，它们挂在草上，挂在叶上，挂在枝头，挂在果上，挂在梦里。在清晨的太阳还未完全爬上东方的山头时，露珠里的世界，是儿时最清澈的梦。但这清澈的梦，何其短暂啊，短暂到只需太阳的沐浴便顷刻间消失。时光流逝，从来不为谁停留。再美的事物，都有告别的那一刻，在宇宙长河里，所有的美好都是转瞬即逝的。可是，正是这短暂的相遇，才值得我们去珍惜眼下的美好，可能是我们的家人，可能是眼前的一盏茶，可能是炉中的一缕香。

唯有内心时刻保持对美好的悸动，便是"此心安处是吾乡"。远方，从来都在，用一颗追逐远方的心，走好当下的每一步，清风不误少年路，美好随行万里路。

16 / 秋分：梦长心可游

所谓秋分，便是将秋天平均一分为二。秋分之前的秋天，多少还带着暑气，而秋分之后的秋天，则是一阵比一阵凉的风缠绵着大地。秋分是下半年中寒暑平分、昼夜等长的节气。自秋分之后，夜逐渐拉长，而昼逐渐缩短。

由于秋分时阴阳达到了平衡，之后则是阳气让位于阴气，古代帝王会在秋分这天率领文武百官举行祭月礼。明代嘉靖皇帝还为此修建了月台。在农耕文明时代，天地阴阳和谐对农业生产有着至关重要的作用，因此，祭月、拜月，某种程度上是祈求上苍的护佑。

秋分，桂花正灿，淡淡的香气，透过清冷的空气，直抵鼻腔，带给人秋意中的一抹温情。桂花香在古代文人香事中有着重要的地位。桂花在古代称为木樨，在诸多香方辑录中都可见木樨香的身影。仅《香乘》中所记载的木樨香就多达八种。

有些香不采用木樨，而是通过不同香料的调配实现木樨香的花香效果。多数木樨香的香方会用到木樨。如《香乘》其中一方木樨香方为："日未出时，乘露采取岩桂花，含蕊开及三四分者，不拘多少，炼蜜候冷拌和，以温润为度，紧入不津瓷罐中，以蜡纸密封罐口，掘地深三尺，窨一月，银叶衬烧，花大开无香。"

还有些木樨香方中会将沉香、檀香等香料混合调配，让其既有木樨的香气，又兼具沉香的典雅和檀香的香韵。其中一则香方为："沉香半两，檀香半两，茅香一两，右为末，以半开桂花十二两，择去蒂，研成泥，溲作剂，入石臼中杵千百下即出，当风阴干，烧之。"

秋分的香事，趋于频繁。寒气渐生，香气不绝。秋分之后，人们往往会感到寒气逼人，身体也会变得较为僵硬。此时，焚香可以让人感到温暖和舒适，帮助人们缓解身体的不适感。焚香一炉，香雾在澄澈的空气中，显得愈发地清澈明净，观烟照心，你会觉得，愁思也随着这一缕香雾升腾起来、离你而去。

秋分饮茶，不宜选择寒凉的茶品，此时若是配合熏香饮茶，则以岩茶最佳。一缕木樨花香，一口岩韵回荡口舌之间。任它昼短夜长，任它凉风渐起。在一口岩茶中，时间早已消弭。过去已然过去，未来正悄然来临。

不用去理会阳光是否还在，不用在意风是否还温柔，也不用叹息梧桐叶是否已经满地。此时此刻，一人也好，两三人也罢。茶席上，炉中的水正咕咕作响，条索饱满的茶叶正等待着与水的邂逅。投茶、注水、出汤、入口，一气呵成，感受深秋的第一口茶韵，这是茶对茶人的告白。

秋分之后，夜渐长。偶尔，我们该放下一些人和事，要知道，这个世界上与我们紧密相关的人和事，其实没那么多，很多事也没那么重要。而最重要的人，其实是我们自己，最重要的事，其实是照顾好自己。

夜长，总是免不了几分愁。白居易写到："新愁多是夜长来"。清代张惠言说："夜长无奈，愁深梦浅，不堪重听。"多情词人柳永亦说："夜长无味"。可我觉得，夜长梦也长，梦长心可游。

17 / 寒露：
寒露秋意浓，一帘风月闲

寒露，当露水凝结在清晨的秋叶上，说明秋意已浓。

农谚有："白露草，寒露迟，秋分种麦正当时。"过了寒露，农事基本上停了下来。稻子已收，麦子已藏，田间地头，秋虫也开始储存食物，为即将到来的寒冬做准备。寒露时，农闲时，雨季已过，农民修缮房屋准备过冬。

寒露和白露都是根据自然现象命名的节气，但是中间被秋分隔开了，于是，白露属阳，寒露属阴。两者之间相隔一月，寒露时的气温相比白露时，有了明显的下降。

寒露时节，大部分花都已经凋谢，而菊花却在此时娇艳地盛开着。九月的菊花，带着独属于深秋时节的倔强，孤独地和秋风战斗着。它要盛开，它要为这个萧瑟的季节留下一抹娇艳。唐代元稹有一首诗名为《菊花》："秋丛绕舍似陶家，遍绕篱边日渐斜。不是花中偏爱菊，此花开尽更无花。"

寒露时节，也是饮茶的好时节。正所谓"寒露时节茶飘香，轻抚琴弦

听雨声。独坐窗前品茗意，心中自有诗意生"。茶人的诗意，从来不在外在世界的渲染，而在茶人的心中。趁着寒露，做一回农人，享受一日农闲，起炉煮水，一杯岩气十足的岩茶入喉，在这寒凉的时节，感受一丝茶的温暖。再焚一炉香，享受满屋的香气给人的莫名喜悦。

寒来暑往，秋收冬藏，不同的时节，赋予我们不同的使命，也赐予了我们不同的清福。寒露秋意浓，正是"一帘风月闲"时。

18 / 霜降：奔赴，才是安顿

霜降有三候，一候豺乃祭兽，二候草木黄落，三候蛰虫咸俯。霜降是秋天的最后一个节气。暮秋的景色，相比初秋和仲秋，已然少了些喧闹。清晨的林子里，少了些叽叽喳喳的鸟鸣，草丛深处，也不再是过往的热闹景致。城市里早起跑步的人，也已穿上了长袖、长裤。就连说话时呼出的气，都依稀可见。

霜的形成，有一个极美的物理学名字——凝华。清晨醒来看到一场大雪，李世明写下了这首咏雪诗：

> 冻云宵遍岭，素雪晓凝华。
> 入牖千重碎，迎风一半斜。
> 不妆空散粉，无树独飘花。
> 萦空惭夕照，破彩谢晨霞。

仿佛一夜之间，所有的生命都懂得，寒冬将至，要抓住最后的阳光和温暖，尽情地挥洒生命的灿烂，释放最后的芬芳。柿子树上的柿子，似乎等待着这一刻的寒霜，以便为人们奉上最可口的汁肉。

茶，从一棵茶树上的嫩芽开始，吸收日月精华阳光雨露，继而长出鲜嫩的叶子，而后被采茶人采摘，经过繁复的工序制作成茶。这是茶生命的结束吗？即便离开了阳光雨露，即便离开了茶树，即便告别了土壤，但茶的生命远没有结束。在茶人的茶碗中，茶与热水相融的那一刻，香气借热水激发出最美的味道，这一刻，茶的生命才真正迎来绽放的时刻。而后，在茶人的品饮之后，茶的生命与茶人的生命有了冥合。

人生的路很短，短到如同草木一秋，既如此，何必遮遮掩掩，不如绽放在每个当下。好好地去爱，热烈地去追求，积极地去拥抱。人生的路也很长，长到我们总是会遗忘。既如此，当下的困厄，又何必图在其中。即便知道明天的路充满荆棘，至少在今天，我们依旧可以放心地去驰骋。莫因寒冬将至而放弃盛开，莫因前路崎岖而转身。

纷纷扰扰的世界，走过三季，走过喧嚣，此刻，霜告诉我们，下一段生命旅程开始了，在此之前，好好照顾、爱惜自己。然后，勇敢地去奔赴，奔赴，才是生命最好的安顿。

19 / 立冬：
步履不停，向阳而生

　　立冬，是二十四节气中的第十九个节气，也是冬季的第一个节气。北方已经开始下起了雪，而南方有些地方还是"春暖花开"的景象。在这片广袤的大地上，季节的界限有时候很模糊。但即便如此，大地总会给人们一些讯息，告诉人们，冬天来了。

　　立冬时节，大地上的颜色是斑斓多彩的。有的地方一片金黄——稻谷、玉米、红薯等农作物已经收割完毕。田野里，枯黄的稻草、晒场里晾晒的稻谷，散发着诱人的金黄色。趁着阳光正好，在北方的农村地区，人们开始忙着为过冬储存柴炭，给房屋窗户添加防风膜。此时的广袤农村，虽然少见农人忙碌在田野的身影，却依然能看到人们为生活忙碌的样子。荒芜的庄稼地，空旷如诗，谱写着过去生命璀璨的喜悦，也期待着来年的万物生长。

　　冬天将至，该收的果实，早已入筐。该储存的食物，早已入缸。该添的棉被，早已铺床。即便生命会在不久的将来凋零，至少在这一刻，我们仍旧要做好该做的事，仍旧要见该见的人。这个世界，不只是热闹繁华，还有冷清萧条。

面对生活的艰辛,不气馁,不抱怨,阳光从未真正缺席过这个世界,偶尔的云层,也不会永远挡住光芒。在这立冬时节,虽然不见鸟语花香,不见荷叶田田,不见硕果累累,或许有的只是寒枝萧条,冰雪漫天,或荒无人烟。但这不妨碍我们仍旧去做一个春暖花开的梦。这个冬天,我们坚定、从容。

立冬,寒气渐盛。焚香品茗,亦适宜。时节萧瑟,或可选用花香、果香十足的沉香在室内熏焚,即便在这个冬天,也要时刻与花香为伴。茶的选择多样,以兰花香气十足的乌龙茶为佳。何处花香?一路紫烟,一盏清茶。

人的一生,可繁花似锦、一路生花,也可粗茶清欢、简单朴素。生命的足迹,从未因为所遇的不同而改变过方向。步履不停,向阳而生。

20 / 小雪：慢下来，不急不躁

小雪，是二十四节气中的第二十个节气，意味着冬天的脚步已经悄然而至。《月令七十二候集解》曰："十月中，雨下而为寒气所薄，故凝而为雪。小者未盛之辞。"《群芳谱》说："小雪气寒而将雪矣，地寒未甚而雪未大也。"

小雪时节，大地渐次沉寂，万物开始进入休眠状态，仿佛在等待着一场盛大的蜕变。在这个充满诗意的季节里，我们不妨放慢脚步，去感受那些被岁月沉淀的美好。

小雪过后，人们正式开始忙碌着准备过冬，趁着阳光温暖，赶紧晒晒被子以及过冬的衣物，刚从地里收上来的麦子、稻子、豆子，此刻也可做成花样繁多的民间美食。动物们早已为凛冬备好了食物，偶尔可见几只野兔在麦田里寻觅着食物。这个时候的集市上，琳琅满目的冬季衣物开始上市了，还有各种各样的冬季食品和生活用品。

人们时刻为未来准备着，也为新生活准备着。这是生命的自然天性。"备"，我始终觉得有一种富足之意，有，才能备。有了备，才能不慌不忙，不急不躁。所以，中国人说，有备无患。

天气渐凉，又到了围炉煮茶的时刻，好友相约，或者独自烹茶，都是这个季节里的一抹诗意。采几支冬日山茶花，趁着山茶灿烂，在凉意中，再焚香一炉，选用中式拟花合香最适宜。中国人的茶事香事，往往蕴含着温情。在这抹温情中，是人们对生命的珍爱，是对情谊的守护，是对未来的期许。

生命是一场漫长的旅程，在这段奔赴的旅程中，我们需要动，需要义无反顾，不浪费时间，不浪费每一个日出日落，不错过每一场花开的盛宴。可是，生命也需要慢。慢下来，心嗅蔷薇一朵；慢下来，感受风吹阳光一抹；慢下来，焚香一炉，沏茶一盏。

21 / 大雪：风雪客，乘衣归

大雪，是二十四节气中的第二十一个节气，也是冬季的第三个节气。《月令七十二候集解》说："大雪，十一月节，至此而雪盛也。"在这个时候，大地已经进入了寒冷的季节，万物都在沉睡之中，等待着春天的到来。而在这个季节里，大雪给我们带来了一种特殊的美感，那是一种纯净、宁静、神秘的美。

大雪时节，北方大地上的一切都被白雪覆盖，仿佛进入了一个纯净的世界。那些树木、房屋、道路都被雪花装点得如诗如画，给人一种美的享受。而那些在雪地里嬉戏的孩子，更是给这个世界带来了无尽的欢乐。他们堆雪人、打雪仗、滑雪橇，尽情地享受着大雪带来的快乐。这种纯真的美，让人回到了童年的快乐时光。

大雪时节，江河湖海都被冰封，形成了一片银装素裹的世界。那些冰面上的裂痕，就像是大自然的画笔，勾勒出了一幅美丽的画卷。而那些在冰面上滑行的人们，更是给这个世界带来了一种勇敢的气息。他们在冰面上尽情地挥洒着自己的激情，感受着大雪带来的挑战与刺激。这种勇敢让人感受到了生命的无限可能。

大雪节气过后，一年也将结束，有些在外奔波的人开始筹备着回乡的旅程。天凉了，时间从来不等人，但香味可以让人拥有清晰的、永恒的记忆。故乡柴火饭的香味，每年入冬后自家熏的腊肉的香味，以及甘蔗清爽的汁水的香味。香味的记忆，是永恒的，是诚实的，是清澈的。

在纷纷飞落的雪花中，过往的点点滴滴，也如同这雪花，落在眼前。它们轻盈、晶莹、婀娜。静下心来，起火煮茶，焚香一炉。一壶老茶，香气馥郁，一缕沉香，优雅从容。这世间的一切，看似很重要，又看似不那么重要。

我们都是风雪中的游子，乘衣归，或许都是我们奔赴的目标。对茶人、香人而言，茶香即衣。一盏茶，一缕香，心归处。

22 / 冬至：生命因爱而坚韧

冬至，是二十四节气中第二十二个节气，也是一年中黑夜最为漫长的一天。从冬至这天开始，将正式迎来寒冬。此时，北方大部分地区的气温都降到零度以下，即便是在南方，气温也多为几度。

冬至这天，太阳直射地球的南半球，北半球的白天最短，夜晚最长。这天过后它将走"回头路"，太阳直射点开始从南回归线向北移动，北半球白昼将会逐日增长。这既是黑暗最漫长的时刻，也是黑暗逐渐变短的临界点，过了冬至，阳光将给大地更多的眷顾。

冬至，不仅是二十四节气之一，也是中华民族的传统节日——冬节。民间有谚语"冬至大如年，人间小团圆"，即便是在今天，冬至仍旧是人们最为重视的节气之一。在冬至这天，华夏大地，南北虽各异，但会以各自不同的方式庆祝"冬节"。

在古代，皇帝要举行盛大的祭祀活动，祈求天地神灵的庇佑。而在民间，人们也有各种庆祝冬至的习俗。人们会吃饺子、汤圆等象征团圆和美满的食物。有些地区会吃赤豆糯米饭、喝粉汤。这些丰富多彩的食物，既是对生活的热爱和向往，也是对自然的感恩和敬仰。在这个特殊的日子里，我们仿佛能感受到那些古老的传统和信仰，那些代代相传的文化和情感。

冬至分为三候，一候蚯蚓结，二候麋角解，三候水泉动。冬至，既是生命等待的时刻，也是生命的萌动时刻。冬至围炉煮茶也迎来了最盛行的时刻。此时饮茶需以发酵或半发酵的茶为主，老茶最佳，适合炉火慢煮。

任他窗外白雪飞舞，此刻我们所守着的炉火，才是最为重要的。和家人，和朋友，或者自己。茶人的仪式感在炉火上，或许都不再重要，当下只与炉火相伴。热气腾腾的一杯茶，也是炉火借茶对我们的问候：过去这一年，辛苦了。

寒冷时节用香，我会选择一些有些年头的老沉香，老香醇厚，可以穿透冷冽的空气，进入到我们的身体里，温暖我们的内心。寒冬时节的世界，或许本就少了些"味道"，一切都是萧条的，是孤寂的，是苍凉的。但老香的醇厚香气，却足以让我们看见一个由香气幻化出来的生机盎然的世界。

我始终相信，生命因爱而坚韧。在最漫长的黑夜里，我们坚信，光明终将来临。万物终究在冰雪之后重回大地。因为茶人、香人对生命充满爱意，茶香也成为心底最柔软的风景。

23 / 小寒：春风有信

小寒，是二十四节气中的第二十三个节气。"小寒"和"大寒""小暑""大暑"一样，是表示温度变化的节气。小寒，顾名思义就是气温变得寒冷，但是还没有到达极致的寒冷。

《月令七十二候集解》中解释："十二月节，月初寒尚小，故云，月半则大矣。"民间有谚语："小寒时处二三九，天寒地冻冷到抖。"在北方地区，小寒比大寒冷，而南方地区，最冷的时候仍旧是大寒。

小寒时，腊梅渐次盛开。腊梅香成为了人文香事中不可或缺的一部分。古人关于腊梅的香方有很多，比如《陈氏香谱》："沉香三钱，檀香三钱，丁香六钱，龙脑半钱，麝香一钱，右为细末，生蜜和剂，蒸之。"在这里，我们仍旧看不到腊梅的影子，古人合香，并不直接以花为材料制香，而是通过其他香料的调配实现某种花香的特点。

小寒时节，寒气极盛，或即将迎来极盛的时刻，此时人们更乐于安静地坐在室内围炉煮茶。老茶的香气，在沸腾的热水中，袅袅升起，既是热气，也是香气，这一缕茶香气，充盈在周遭，生命仿若也充盈了起来。

对爱茶人而言，寒冷时节，会有一种独有的浪漫。这份浪漫，是沸腾的热水水汽冲出壶盖在冰冷的空气中舞动出的美妙形态，是一口热茶的茶气在茶碗中温柔地抚摸茶人的脸颊，也是冰雪天中因为茶而感受到的一份心底的温暖。

我很喜欢在寒冷的天气里独自一人饮茶。世界，在冷寂中，变得格外安静，侧耳倾听，或许有几只倔强的鸟儿在冰雪中鸣叫，或许有几朵梅花在冬日阳光下绽放。冷寂的世界，正在等待着一场盛宴，一场关于生命绽放的盛宴。或许，喝一杯茶，品一炉香，就可感知到这场盛宴。

24 / 大寒：
心怀热爱，四季有情

大寒，是二十四节气中的最后一个节气，也是冬季的最后一个节气。这个时候，大地已经进入了最寒冷的季节，万物都在沉睡之中，等待着春天的到来。而在这个季节里，大寒给我们带来了一种特殊的美感，那是一种坚韧、沉静、凝重的美。

一年行将结束，新的一年即将来临。走过的三餐四季，是精彩纷呈的，即将到来的三餐四季，是令人期待的。我们会遇到怎样一个善良的人，会邂逅怎样一段诗意的风景，又会喝到怎样的好茶，闻到怎样的好香？岁月流转，四季常在。唯有时刻心怀热爱，四季才会回馈我们以生命的热情。

茶人爱茶，香人爱香，所爱的，并不在于茶和香本身，而是有茶有香的生命。有茶有香的生命，于茶人、香人而言，是一种可观、可望、可游、可居的生命天地。这方天地里，可以有自己所热爱的东西：一人独饮桂花下，两人焚香栖坐书房里，三人围炉煮茶香；或是一阵清风幽梦起后孤灯下的一壶茶，又或是沉醉香气中的意气勃发。

大寒，是二十四节气的结束，以"寒"来为二十四节气画上句号，大概这才是生命的真谛，所有的生命，都是热热闹闹开始，凄凄冷冷结束。就宇宙生命而言，没有绝对的开始，也没有绝对的结束。开始，不过是上一段生命的结束；结束，不过是下一段生命的开始。周而复始之间，生命在流转。

文人热衷于以"寒"为主题探讨生命和自然的意义。在绘画艺术作品中，多有寒江独钓、古木寒禽、寒鸦图、寒汀落雁图、寒雀图、寒江待渡等主题作品。在诗词中也有关于"寒"的诗文，诸如"风萧萧兮易水寒""暗风吹雨入寒窗""独立寒秋""寒灯独夜人""独钓寒江雪""凌寒独自开"等。

我时常会想，为什么文人热衷于写"寒"？我想，寒，既能昭示人在天地宇宙中的孤独，同样也能让人在喧嚣之后冷静思考。寒中的思考，不受心灵之外事物的干扰，是将自己融入天地宇宙去看待生命，让自己远离喧嚣、冷静面对生活。

作为茶人，也作为香人，以茶香思考生命，只因对生命的热爱。唯有心怀热爱，四季便是情意绵绵的，无所谓寒暑。寒来暑往，我们的内在生命也在不断丰富。

沏茶一杯，焚香一炉，敬天地，敬自己。

第九章 茶香二十四节气 / 281

后记

你悄悄地向我走来，带着满树的木香，这是我闻过世上最奇妙的味道。似千年珍酒，让人不饮自醉。我自有万般情怀，满腹文章，也抵不过这沁入骨髓的芬芳。

我要感谢微风，让我在香与茶交织的轻纱幔帐中，发现了你时隐时现的摇曳的魅影。我顷刻抖掉所有的倦怠，封存全部的记忆，忘却风的归期，只想沉醉于这茶香共舞的时刻。我喜欢静坐闻香，咀嚼人生。我喜欢围炉煮茶，夜读天下。透过恍如纱幔的茶香气，我似乎看到了苍穹下的奔马，看到了寒月下跨马披风的剑侠。即使没有酒斛诗囊相伴，也能历尽千帆，放弃执念，任光阴流转，任岁月平淡。不惧流年，不亏不欠，有时孤独地行走也是一种美谈。

一杯清茶，一世情义，一柱沉香，一身正气，一次相遇，一生惦记。茶香疗愈，爱不留声，人生有这么一次遇见，值得。与茶香邂逅、交融，一切变得自然而然。

一本书并非作者写好文字就万事俱备了，还有很多细节工作，这本书的出版离不开很多人的帮助。首先要感谢我的师父中国工夫茶泰斗陈香白老先生为本书题字，增加了这本书的能量与智慧。其次感谢我的香学师父莫非老师、茶文化学者周重林老师为本书写序。感谢牧川茶文化研究院的陈锌院长作为顾问对本书的指导，感谢深圳大视界国际文化产业投资控股有限公司董事长吴啸先生对本书的建议和悉心指导。感谢学古品牌创始人孔洪强先生为本书提供的一系列茶器照片。还要感谢学古人文空间李杰在本书出版之前提供了许多好的建议和想法。最后还要感谢一直陪伴我同行的茶香挚友们，是你们让我有了一直前行和共同努力的愿景。感恩。

骆韵霏
2024 年 12 月

学员茶香舞学习心得分享

茶,于我而言,是一场不期而遇的心灵邂逅,更是一段改变自我的奇妙旅程。回想起 2013 年,与韵霏初遇,仿佛是命运在悄然编织一张与茶相连的网。她的出现,带着茶的淡雅与深邃,让我在不经意间被吸引。

2014 年,我满怀热忱地追随韵霏,开启了茶修之路。自从与茶结缘,一切都悄然改变。当第一缕茶香萦绕鼻尖,我仿佛踏入了另一个世界。在茶的浸润下,我学会了以谦卑之心对待万物,开始审视内心。每一次泡茶、品茶,都是一次与自我的对话,在这静谧中,我找到了灵魂的栖息之所,体悟到内心前所未有的平和与安宁。

赵梓昕

我自幼与茶结缘。茶不仅是饮品,更是历史的沉淀,泡茶仿若穿越时空,聆听先辈教诲、品悟人生真谛。

2018年夏天,我与韵霏结缘,踏上了茶艺表演之路,我喜爱舞台上演绎的状态。我第一次在舞台上做行茶表演,是韵霏老师陪着我,从茶人服饰到器具审美的选择,一步步精细化。我在舞台上认真行茶,她在台后耐心地观看,这种陪伴让我有了安全感。感谢遇见茶香、遇见韵霏,愿我们在茶香四溢的道路上并肩同行。

林爱萍